AF568694

Dieter Thommen

Jugendstadien der Heuschrecken der Schweiz

Dieter Thommen

Jugendstadien der Heuschrecken der Schweiz

Haupt Verlag

Dr. **Dieter Thommen** ist pensionierter Gymnasiallehrer für Biologie. In seiner Freizeit beschäftigt er sich seit mehr als 30 Jahren mit Heuschrecken, dabei sehr intensiv auch mit deren Jugendentwicklung.

Diese Publikation wurde ermöglicht durch die großzügige Unterstützung durch die folgenden Institutionen:

Ernst Göhner Stiftung, Zug
Kanton Aargau, Departement Bau, Verkehr und Umwelt, Abteilung Landschaft und Gewässer
Pro Natura
Swisslos-Fonds Basel Landschaft

ERNST GÖHNER STIFTUNG

1. Auflage: 2021

ISBN 978-3-258-08209-7

Umschlaggestaltung: pooldesign, CH-Zürich
Gestaltung und Satz: Roman Bold & Black, D-Köln

Wir verwenden FSC-Papier. FSC sichert die Nutzung der Wälder gemäß sozialen, ökonomischen und ökologischen Kriterien.
Gedruckt in Deutschland

Diese Publikation ist in der Deutschen Nationalbibliografie verzeichnet.
Mehr Informationen dazu finden Sie unter http://dnb.dnb.de.

Der Haupt Verlag wird vom Bundesamt für Kultur mit einem Strukturbeitrag für die Jahre 2021–2024 unterstützt.

Wir verlegen mit Freude und großem Engagement unsere Bücher. Daher freuen wir uns immer über Anregungen zum Programm und schätzen Hinweise auf Fehler im Buch, sollten uns welche unterlaufen sein. Falls Sie regelmäßig Informationen über die aktuellen Titel im Bereich Natur & Garten erhalten möchten, folgen Sie uns über Social Media oder bleiben Sie via Newsletter auf dem neuesten Stand!

www.haupt.ch

Inhalt

Begegnung am Wegrand

Er: «Was machen Sie hier?

Fotografieren Sie Schlangen?»

Ich: «Nein, Heuschrecken!»

Er: «Aha, sind Sie Fischer?»

Ich: «Nein, ich bin Biologe.»

Er: Geht sofort weiter…

Vorwort

Ein Buch über Jugendstadien der Heuschrecken in der Schweiz zu publizieren, hat einen Erklärungsbedarf. Die Tiere sind weder gefährlich noch imposant in ihrer Größe, auch haben sie – nach jetzigem Wissensstand – keinen großen Nutzen, auch die Zeiten von Heuschreckenplagen sind bei uns vorbei.

1985 erschien das Buch von Heiko Bellmann «Heuschrecken beobachten und bestimmen». Der gut bebilderte Feldführer war ein Türöffner und hat bei vielen Naturliebhabern das Interesse an dieser Insektengruppe geweckt – auch bei mir. Heuschrecken sind leicht zu beobachten, die Vielfalt der Lebensformen, das interessante Verhalten mit den charakteristischen Gesängen faszinieren die Beobachter. Heuschrecken reagieren empfindlich auf Umweltveränderungen und werden deshalb oft für die Beurteilung der Umweltqualität benutzt. Auch die Biodiversität einer Landschaft wird anhand der überschaubaren Gruppe der Heuschrecken erfasst.

Mittlerweile ist ein großes Wissen über die Heuschrecken in Europa zusammengekommen, davon zeugen zahlreiche Feldführer, wie zum Beispiel «Die Heuschrecken der Schweiz» von Baur und Roesti aus dem Jahr 2006. Der Fokus all dieser Bücher liegt auf den ausgewachsenen Heuschrecken, die Jugendstadien vieler Arten sind selbst Spezialisten kaum bekannt. Diese Lücke soll mit dem vorliegenden Buch zumindest für die Arten der Schweiz geschlossen werden.

Jugendstadien der Heuschrecken sind von großem faunistischem Interesse, da diese viel individuenstärker auftreten als die ausgewachsenen Artgenossen und somit leichter nachgewiesen werden können. Der Grund dafür ist, dass sich zahlreiche Beutegreifer wie Spinnen, Eidechsen oder Vögel von jungen Heuschrecken ernähren und diese stark dezimieren. Trotz ihrer geringen Größe kann man die Jugendstadien der Heuschrecken besser sehen, da sie weniger versteckt leben. Arten, die im ausgewachsenen Stadium nachtaktiv sind, lassen sich als Nymphen häufig auch tagsüber beobachten. Die Beschäftigung mit den Jugendstadien verlängert den Erfassungszeitraum für Heuschrecken und ermöglicht den Nachweis, dass sich die Art am Beobachtungsort fortpflanzt. Beobachtungen zum jahreszeitlichen Auftreten der wärmeliebenden Heuschrecken respektive ihrer Jugendstadien sind im Zusammenhang mit dem Klimawandel von großem Interesse.

Mit dem vorliegenden Feldführer soll den Beobachtern die Möglichkeit gegeben werden, die Jugendstadien der Heuschrecken mit einfachen Hilfsmitteln wie Lupe und Sammelglas im Lebensraum nach Art und Alter zu bestimmen. Alle aktuell bekannten 109 Arten der Schweiz werden mit Bildern zu den Entwicklungsstadien vorgestellt, die Beschreibung wesentlicher Merkmale ergänzt die Abbildungen. Angaben zum jahreszeitlichen Auftreten der Arten (Phänologie), zum Lebensraum und zur Verbreitung runden die Bestimmungshilfe ab. In den Artenporträts wird jeweils auch das Bild eines ausgewachsenen Artgenossen gezeigt. Der Vergleich der Altersklassen ermöglicht es, die Besonderheiten der Jugendstadien zu betrachten. Mit den zahlreichen Makrofotografien sollen auch die unbekannte Schönheit und Vielfalt der frühen Entwicklungsstadien gezeigt werden und damit einen Beitrag zum Schutz der Heuschrecken und ihrer Lebensräume geleistet werden.

Dank

Zum Gelingen des vorliegenden Buches haben zahlreiche Personen beigetragen. Für ihre wertvolle Unterstützung möchte ich ihnen ganz herzlich danken:

Christian Roesti ermunterte mich zum Verfassen des Buches über die Jugendstadien der Heuschrecken und gab mir viele gute Ratschläge.

Armin Coray fertigte die wissenschaftlichen Zeichnungen an und vermittelte mir wertvolle Literaturangaben. Diskussionen mit ihm halfen bei der Klärung von Sachfragen.

Nach einem Aufruf in der lokalen Wochenzeitung stellten mir Susanne Brêchet Schönthal und Christof Schönthal sowie Annamarie und Karl Fuchs Nester von Maulwurfsgrillen aus ihren Gärten zur Verfügung.

Angaben zu Fundorten seltener Arten erhielt ich von: François Dunant, Hansruedi Käppeli, Bärbel Koch, Sandra Lardi, Christian Monnerat, Valentin Moser, Marina Pestoni, Georges Preiswerk, Lucie Rathgeb, Daniel Roesti und Pia Steg.

Folgende Kollegen überließen mir großzügig fehlende Fotos: Armin Coray, François Dunant, Laurent Juillerat, Stefan Kohl, Stefan Plüss, Lucie Rathgeb, Christian Roesti und Florin Rutschmann.

Jacques Burnand, Angelika Jenny, Daniel Roesti und Gertrud Walz lasen Teile des Manuskriptes kritisch durch.

Heiner Thommen sorgte für die grafische Gestaltung der Habitusbilder.

Druckkostenbeiträge vom Swisslos-Fonds Baselland, von Pro Natura, vom Departement Bau, Verkehr und Umwelt des Kantons Aargau und der Ernst Göhner Stiftung ermöglichten die Realisierung des vorliegenden Buches.

Dem Haupt Verlag danke ich für das Interesse an meinem Buchprojekt und Frau Gabriela Bortot für das sorgfältige Lektorat und die inspirierende Zusammenarbeit.

Meine Frau Ursula hat das Projekt auf vielfältige Weise unterstützt und mich auf Exkursionen begleitet.

Einführung in die Jugendentwicklung der Heuschrecken

Vom Ei zur ausgewachsenen Heuschrecke

Abb. 1: Schlupf der Westlichen Dornschrecke *(Tetrix ceperoi)* aus den Eiern

Jugendstadien als kleine Abbilder der ausgewachsenen Artgenossen

Bereits kurz nach dem Schlüpfen aus dem Ei erscheinen die Individuen in der typischen Gestalt der Heuschrecken: Kopf mit Augen und Fühlern, Brust mit Halsschild, Flügelanlagen und drei Beinpaaren, wobei das 3. Beinpaar als Sprungbeine ausgebildet ist, sowie gegliedertem Hinterleib (s. Abb. 1). Die frisch geschlüpften Tiere sind noch nicht pigmentiert und ca. 2,3 mm groß. Auf dem Bild sieht man auch die weißen, embryonalen «Wurmhäute», welche die Individuen unmittelbar nach dem Schlüpfen abgestreift haben.

Im weiteren Entwicklungsverlauf nähern sich die Jugendstadien immer mehr dem Körperbau der ausgewachsenen Artgenossen an: Die Größe nimmt zu, die Flügelanlagen und die äußeren Geschlechtsorgane wachsen.

Bei der Entwicklung der Heuschrecken findet keine vollständige Verwandlung im Puppenstadium statt, in dem aus der oft ganz anders gestalteten Larve das geschlechtsreife Insekt entsteht. Wir

Abb. 2: Häutung der Küsten-Strauchschrecke *(Pholidoptera littoralis)*

bezeichnen Jugendstadien mit dem Entwicklungstyp der Heuschrecken als Nymphen, der gängige Begriff «Larve» ist den Jugendstadien von Insekten mit vollständiger Umwandlung oder mit juvenilen Sonderstrukturen vorbehalten.

Die Entwicklung vollzieht sich in Wachstumssprüngen

Das feste Außenskelett der Heuschrecken verhindert ein kontinuierliches Wachstum der Nymphen. Das Außenskelett besteht aus einzelnen Körperplatten, die durch weiche Häute gelenkig miteinander verbunden sind und so Bewegungen des Körpers, der Beine und Fühler sowie ein leichtes Strecken des Hinterleibes ermöglichen. Zum Wachstum und zur Veränderung der Körperoberfläche, wie zum Beispiel der Flügelanlagen oder der Färbung, müssen sich die Nymphen von Zeit zu Zeit häuten. Dabei bilden sie eine neue Körperhülle und schlüpfen anschließend aus dem alten Panzer (s. Abb. 2). Die neue Hülle ist zuerst noch weich und dehnbar, der Körper kann etwas wachsen, bevor sich das Außenskelett unter hormonellem Einfluss verhärtet.

Die Häutungen gliedern den Entwicklungsverlauf in einzelne Jugendstadien mit charakteristischen Merkmalen. Die Arten unterscheiden sich in der Anzahl der Jugendstadien: der Gemeine Grashüpfer *(Pseudochorthippus parallelus)* hat 4, das Grüne Heupferd *(Tettigonia viridissima)* 7 und die Feldgrille *(Gryllus campestris)* bis zu 12 Stadien. Die Anzahl der Jugendstadien kann innerhalb einer Art variieren. So haben bei einigen Feldheuschreckenarten die größeren Weibchen ein Jugendstadium mehr als die kleineren Männchen. Auch Umwelteinflüsse können die Zahl der Nymphenstadien bei einer Art beeinflussen.

Die Entwicklung der Nymphen bis zum ausgewachsenen Tier dauert mindestens einen Monat

Die Dauer der einzelnen Jugendstadien ist unterschiedlich. Dies beruht einerseits auf artspezifischen Eigenheiten, andererseits beschleunigen Umwelteinflüsse wie hohe Temperaturen und Trockenheit die Häutungsabfolge.

Europäische Wanderheuschrecken *(Locusta migratoria)* brauchen 5 bis 8 Tage für ein Jugendstadium; die gesamte Entwicklung mit 5 Jugendstadien wird mit 35 bis 40 Tagen angegeben.
Bei der Süditalienischen Langbein-Höhlenschrecke *(Dolichopoda geniculata)* dauert ein frühes Stadium 2, ein spätes sogar 3 Monate; die gesamte Entwicklung mit 9 Jugendstadien erstreckt sich über 23 Monate – eine außergewöhnlich lange Jugendzeit für Heuschrecken!

Im Durchschnitt dauern die einzelnen Jugendstadien etwa 10 bis 14 Tage; dies entspricht bei optimalen Bedingungen je nach Anzahl der Stadien einer Entwicklungszeit von 40 bis 60 Tagen beim Gemeinen Grashüpfer (4 Stadien) und 70 bis 95 Tagen beim Grünen Heupferd (7 Stadien).

Systematik und Merkmale der Jugendstadien

Zur Beschreibung der Jugendstadien werden zuerst die Systematik, der Körperbau der Heuschrecken und die verwendeten Begriffe vorgestellt. Fachbegriffe werden im Glossar (s. S. 407) erklärt. Ein Überblick über die charakteristischen Merkmale der Jugendstadien rundet das Kapitel ab.

Systematik und Körperbau

Die Ordnung Heuschrecken (Orthoptera, früher Saltatoria) wird in zwei große Unterordnungen unterteilt:

A: **Langfühlerschrecken** (Ensifera) mit Laubheuschrecken und Grillen. Die Fühler sind lang und dünn, erreichen mindestens die Körperlänge und haben mehr als 30 Glieder – kürzere Fühler haben nur die Maulwurfsgrille *(Gryllotalpa gryllotalpa)* und die Wanstschrecke *(Polysarcus denticauda)*. Die älteren Weibchen haben eine gut sichtbare Legeröhre, deren Form bei der Artbestimmung wichtig ist. Das Hörorgan befindet sich auf der Schiene des 1. Beinpaares unterhalb des Knies.

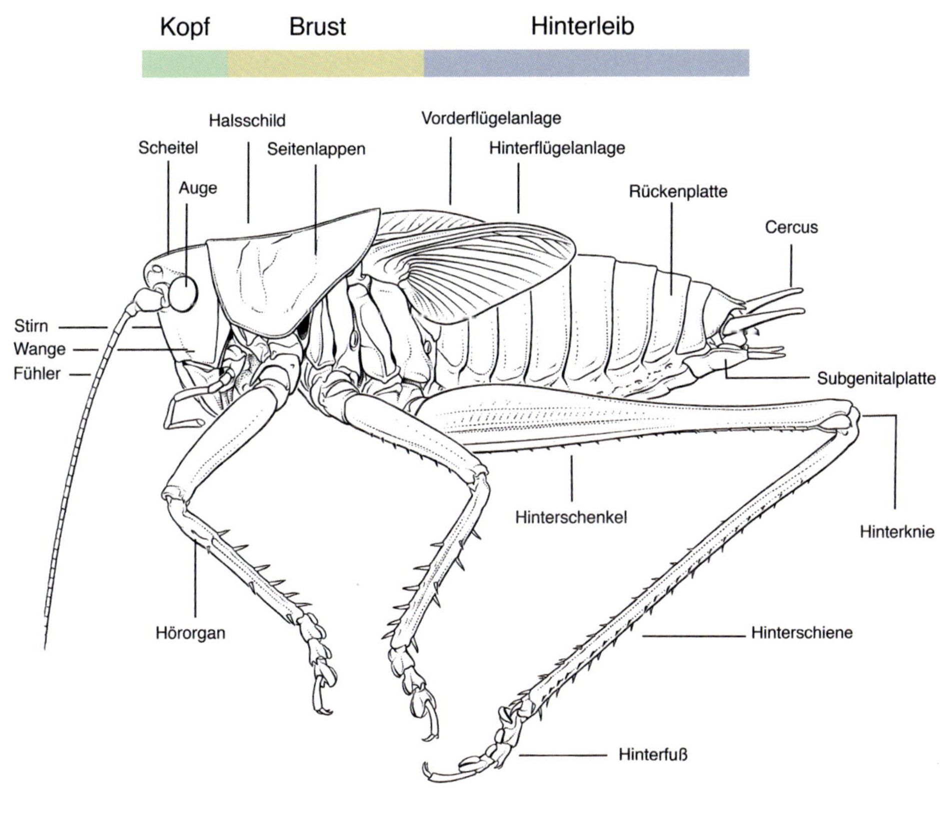

Abb. 3: Habitus-Zeichnung der Nymphe einer Langfühlerschrecke am Beispiel des Grünen Heupferdes *(Tettigonia viridissima)*. Männchen im 7. und letzten Jugendstadium. Der Fühler ist nicht in der ganzen Länge gezeichnet.

B: **Kurzfühlerschrecken** (Caelifera) mit Feldheuschrecken und Dornschrecken. Die Fühler sind dick, kürzer als der Körper und haben weniger als 30 Glieder. Die Gehöröffnung liegt bei den Feldheuschrecken auf den Seitenplatten des 1. Hinterleibgliedes. Die kleine Legeröhre ist meistens in Form von spreizbaren Klappen am Hinterleibende sichtbar.

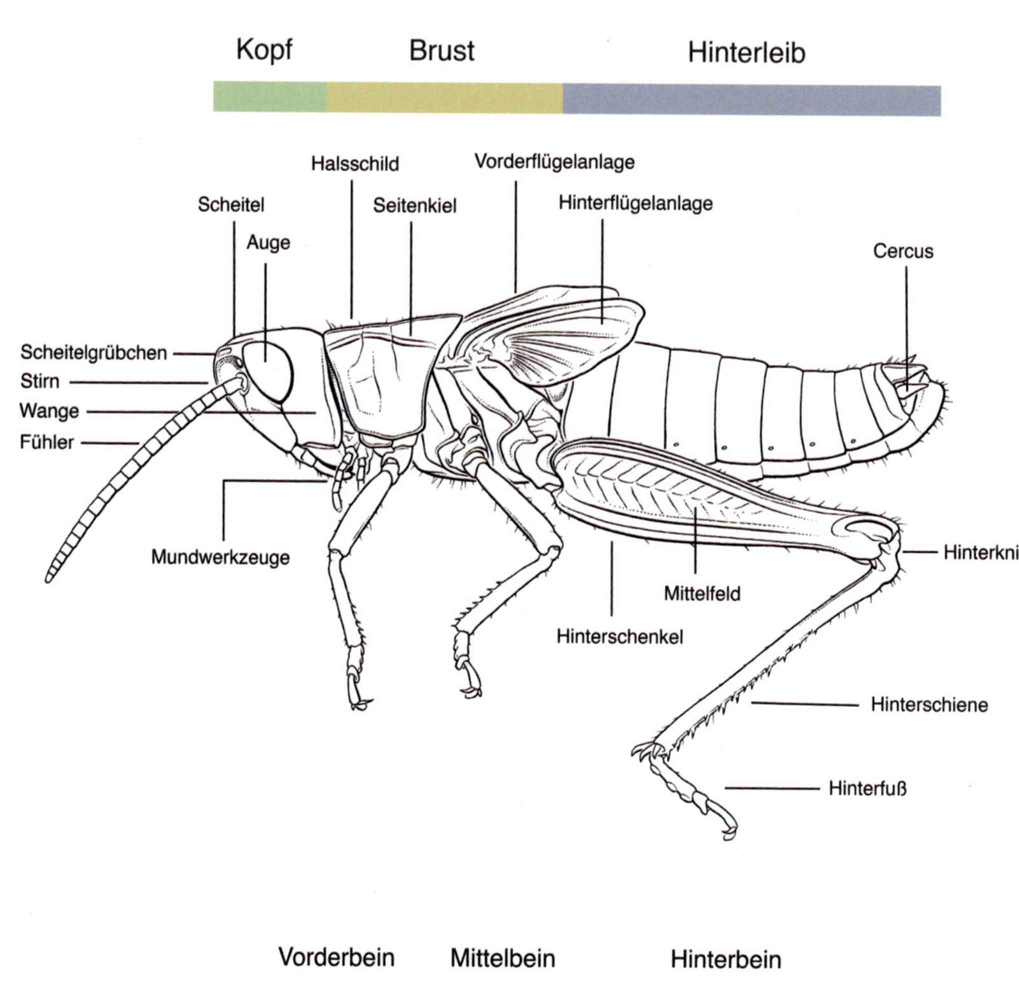

Abb. 4: Habitus-Zeichnung der Nymphe einer Kurzfühlerschrecke am Beispiel des Nachtigall-Grashüpfers *(Chorthippus biguttulus)*. Männchen im 4. und letzten Entwicklungsstadium.

Dornschrecken fallen durch ihre geringe Größe und den bis zum Hinterleibende reichenden Halsschild auf. Sie weisen zahlreiche ursprüngliche Merkmale auf und werden deshalb gesondert vorgestellt.

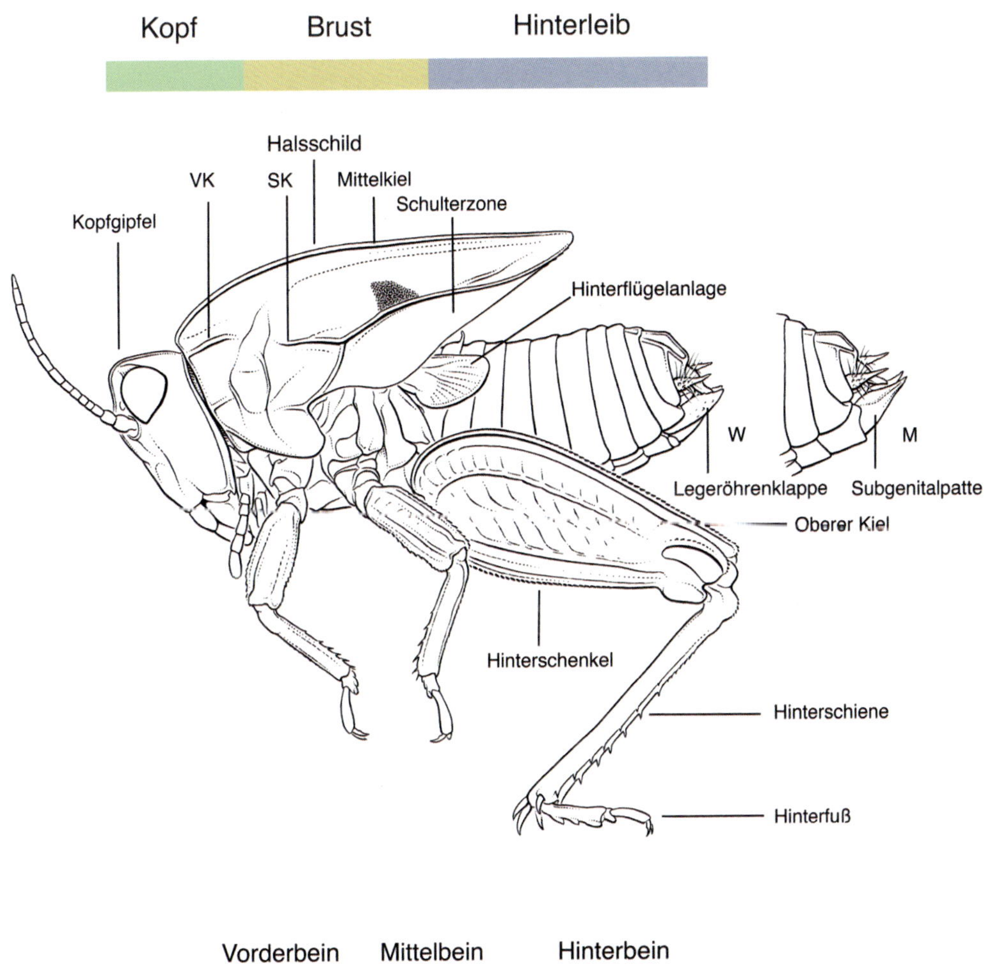

Abb. 5: Habitus-Zeichnung einer Dornschrecke am Beispiel der Langfühler-Dornschrecke *(Tetrix tenuicornis)*. Links ist ein Weibchen ganz, rechts das Hinterleibende eines Männchens dargestellt, beide im 5. Entwicklungsstadium. Der Halsschild ist etwas angehoben, sodass die Flügelanlage sichtbar wird. SK = Schulterkiel, VK = oberer Vorderkiel

Merkmale der Jugendstadien

Im Feld ist man immer wieder mit der Frage konfrontiert, ob die vorliegenden Heuschrecken ausgewachsen oder noch im Jugendstadium sind. Das Problem tritt vor allem bei kleinen und kurzflügeligen Arten auf. Deshalb sollen hier zuerst die typischen Merkmale der Jugendstadien im Überblick vorgestellt werden.

- Die **Körpergröße** ist geringer und nähert sich mit jedem Stadium derjenigen der ausgewachsenen Artgenossen an.

- **Körperproportionen**: Kopf und Brust sind bei frühen Nymphen relativ groß.

- Die **Flügelanlagen** auf den Seiten des 2. und 3. Brustsegmentes sind zuerst als Lappen bauchwärts gerichtet, in den beiden letzten Stadien sind sie zum Rücken hin (dorsal) orientiert, die Unterseite der Flügelanlagen schaut dabei nach oben. Bei der Ausrichtung der Flügelanlagen auf die Rückenseite liegen die hinteren Flügelanlagen über den vorderen und bedecken diese. Die letzten beiden Stadien der Grillen tragen die Flügelanlagen nebeneinander auf der Rückenseite, die Hinterflügelanlagen befinden sich auf der Außenseite. Ausgewachsene Tiere haben längere Flügel, die Vorderflügel bedecken nun die Hinterflügel (s. Abb. 6–9).
  Bei den Dornschrecken werden die Flügelanlagen durch den Halsschild verdeckt, sie sind erst bei den ausgewachsenen Individuen sichtbar.

- Bei den weiblichen Langfühlerschrecken ist die Anlage der **Legeröhre** vom 1. Nymphenstadium an mit der Lupe auf der Bauchseite sichtbar. Die Länge verdoppelt sich ungefähr mit jeder Häutung und erreicht mit dem letzten Stadium die arttypische Größe und Form (s. Abb. 10).
  Bei den Kurzfühlerschrecken entwickeln sich die Legeröhrenklappen im Inneren des Hinterleibes und können erst in den beiden letzten Jugendstadien äußerlich beobachtet werden.
  Bei den weiblichen Nymphen der Dornschrecken sieht man nur die zwei oberen Legeröhrenklappen (Sägemuster oben), die vierklappige, oben und unten gesägte Legeröhre tritt erst bei den ausgewachsenen Tieren auf.

- Die **Cerci** der Männchen nehmen bei den Langfühlerschrecken erst in den beiden letzten Stadien die arttypische Größe und Form an.

- Im Verlauf der Juvenilentwicklung wird bei vielen Arten der **Halsschild** ab dem 3. Jugendstadium im Verhältnis zum Kopf länger, dies lässt sich vor allem bei Langfühlerschrecken sehr gut beobachten.
  Bei den Dornschrecken bedeckt der Halsschild im 1. Nymphenstadium ungefähr ein Drittel des Hinterleibes (s. Abb. 1), im Verlauf der weiteren Entwicklung wird der Halsschild länger und erreicht im letzten Stadium das Hinterleibende.
  Bei den Jugendstadien ist der Halsschild in der Längsachse stärker gewölbt als bei den ausgewachsenen Tieren. Die Unterkante des Halsschildes hat bei den Nymphen eine Einbuchtung, bei den ausgewachsenen zwei. Charakteristisch für die Jugendstadien der Dornschrecken ist zudem die ausgedehnte Schulterzone (s. Abb. 5).

- **Bau der Fühler**: Die Anzahl der Fühlerglieder nimmt im Verlauf der Entwicklung zu (Bsp. Dornschrecke, *Tetrix tenuicornis,* von 11 bis zu 15 (M) resp. 15 oder 16 (W) Gliedern); auch die Form der Glieder verändert sich. Mehrere Kurzfühlerschreckenarten haben im 1. Jugendstadium keulenartig verdickte Fühlerspitzen.

- Der **obere Kiel auf den Hinterschenkeln** verläuft bei den Nymphen von Dornschrecken durchgehend bis zum Knie, bei ausgewachsenen Individuen ist dieser Kiel kurz vor dem Hinterknie unterbrochen (s. Abb. 5).

- Frühe Jugendstadien der Grillen haben noch keine oder nur sehr kleine **Dornen auf den Hinterschienen** (s. S. 209).

- Das **Hörorgan** der Langfühlerschrecken als seitliche Spalten an der Vorderschiene wird ab dem 3. Jugendstadium sichtbar.
  Bei den Grillen treten die beiden Gehörmembranen an den Vorderschienen erst bei den ausgewachsenen Individuen auf.
  Kurzfühlerschrecken haben ab dem 1. Nymphenstadium eine kleine Öffnung auf der Seite des 1. Hinterleibgliedes, im 2. Jugendstadium wird eine rundliche Vertiefung um die Öffnung ausgebildet.

- Auffallende **Färbungen** sind bei den Jugendstadien äußerst selten (s. S. 26).

Altersbestimmung

Die Kenntnis des Alters respektive des Jugendstadiums ist sowohl für die Artbestimmung der Heuschrecken als auch für phänologische Untersuchungen (s. S. 24) von großer Bedeutung.

Es ist naheliegend, für die Erfassung des Alters die Körpergröße als Kriterium zu benutzen. Mit einiger Erfahrung ist die Körpergröße ein gutes Merkmal für die Einschätzung des Alters. Eine präzise Altersbestimmung ist aber nur mithilfe von Messreihen zur Größenentwicklung bestimmter Körperteile möglich; diese fehlen für die meisten Arten. Außerdem ist das Ausmessen der beobachteten Jugendstadien im Freiland schwierig.

Zur Altersbestimmung sollen deshalb Körperteile genutzt werden, die sich im Entwicklungsverlauf in charakteristischer Weise verändern und gut beobachtet werden können. Dazu eignen sich vor allem die Flügelanlagen der Nymphen. Das Alter der Weibchen von Langfühlerschrecken kann sehr zuverlässig anhand der Legeröhre bestimmt werden. Die relative Länge des Halsschildes ist bei Dornschrecken und Langfühlerschrecken ein weiteres Merkmal.

Die Altersbestimmung anhand charakteristischer Veränderungen des Körpers bietet den Vorteil, dass diese auch im Nachhinein anhand guter Abbildungen vorgenommen werden kann.

Entwicklung der Flügelanlagen

Die Abbildungen 6 bis 9 zeigen am Beispiel einer Kurz- und dreier Langfühlerschrecken die Entwicklung der Flügelanlagen. Bei den Darstellungen stehen die Form und die Größe der Flügelanlagen im Vordergrund, Färbungsmuster wurden weggelassen. Zur Erfassung der Größenverhältnisse wurde der Halsschild mitgezeichnet.

Kurzfühlerschrecken

Der Nachtigall-Grashüpfer *(Chorthippus biguttulus)* hat 4 Jugendstadien (N) (s. Abb. 6).

N1: Die Flügelanlagen auf der Seite des 2. und 3. Brustsegmentes sind wie Lappen bauchwärts gerichtet, mit geraden seitlichen Rändern und am Ende leicht abgerundet (U-förmig).

N2: Die Flügelanlagen sind nach unten gerichtet und nach hinten abgewinkelt. Die Anlagen der Vorderflügel sind schmaler und stärker abgewinkelt als diejenigen der Hinterflügel.

N3: Die Flügelanlagen sind zum Rücken hin orientiert (dorsal), die Anlagen der Hinterflügel bedecken von der Seite betrachtet diejenigen der Vorderflügel. Am Körper sind die hinteren, äußeren Flügelanlagen deutlich länger als die vorderen. Die Längsadern der Flügel sind sichtbar.

N4: Die dorsalen Flügelanlagen sind im Vergleich zum vorigen Stadium länger, die Spitzen der beiden Flügelanlagen liegen nun nahe beieinander. Bei einigen Arten sind die Anlagen der Vorderflügel sogar etwas länger als diejenigen der Hinterflügel.

Kurzfühlerschrecken mit 4 Jugendstadien lassen sich aufgrund der Orientierung und der relativen Länge der beiden Flügelanlagen leicht einer Altersklasse zuordnen. Etwas schwieriger ist die Altersbestimmung bei Kurzfühlerschrecken mit 5 Nymphenstadien. Bei diesen sind die Flügelanlagen im 2. Stadium nur sehr schwach, im 3. Stadium viel ausgeprägter nach hinten abgewinkelt. Zudem haben die beiden Flügelanlagen im 2. Stadium ungefähr dieselbe Länge, im 3. Stadium sind die Hinterflügelanlagen häufig etwas länger (s. S. 301).

Langfühlerschrecken

Bei Langfühlerschrecken mit 7 Jugendstadien (N) verläuft die Entwicklung der Flügelanlagen etwas komplizierter, die Unterschiede zwischen den einzelnen Stadien sind feiner. Wir betrachten die Entwicklung der Flügelanlagen bei einer langflügeligen Art, bei der die Flügel im erwachsenen Zustand das Hinterleibende überragen, am Beispiel des Grünen Heupferdes *(Tettigonia viridissima)* und einer kurzflügeligen Art, bei der die ausgewachsenen Flügel nur die Hinterleibmitte erreichen, am Beispiel von Roesels Beißschrecke *(Roeseliana roeselii)* (s. Abb. 7 und 8). Da die Entwicklung der Flügelanlagen bei der lang- und kurzflügeligen Art grundsätzlich gleich verläuft, werden die Abläufe zusammen besprochen (Typ 1).

N1–N3: Die Flügelanlagen sind bauchwärts gerichtet, unten zuerst leicht abgerundet (U-förmig), im Verlauf der Entwicklung immer mehr zugespitzt

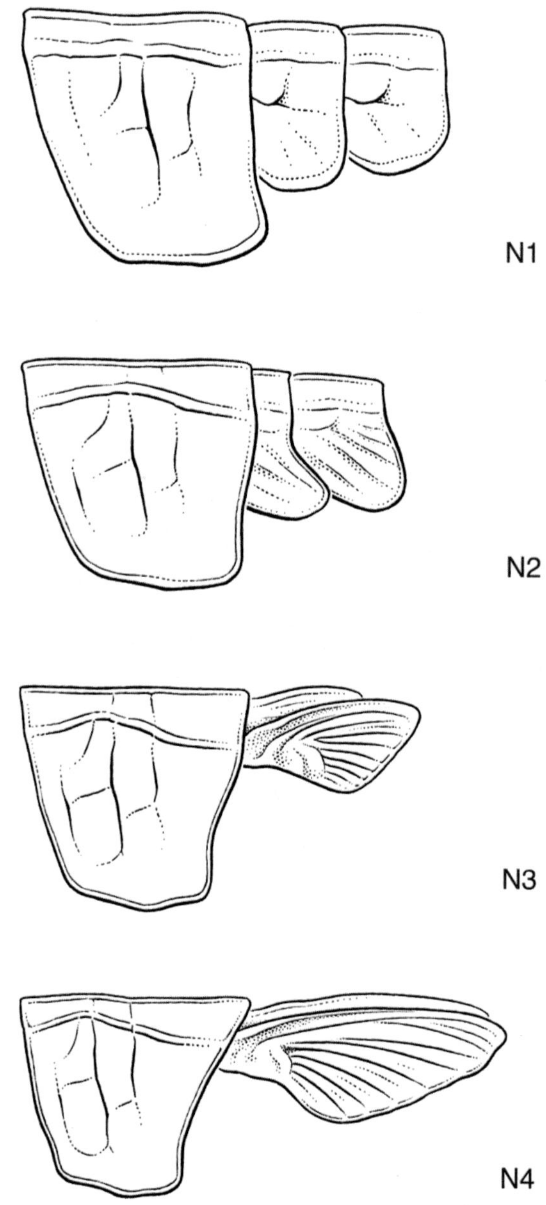

Abb. 6: Flügelentwicklung bei den Kurzfühlerschrecken am Beispiel des Nachtigall-Grashüpfers *(Chorthippus biguttulus)*.
Die Abbildungen zeigen den Halsschild mit den Flügelanlagen, der Halsschild wurde für alle Stadien gleich lang gezeichnet. N1–N4 bezeichnen die Nymphenstadien.

(V-förmig), gleichzeitig werden die Lappen etwas länger (im Verhältnis zum Halsschild). Im 3. Stadium ist die Spitze der Vorderflügelanlagen etwas nach hinten verlagert, im Extremfall liegt die Spitze über dem hinteren Rand der Flügelanlage.

N4–N5: Die Flügelanlagen sind nach unten orientiert und nach hinten abgewinkelt, bei N5 stärker als bei N4. Die Orientierung nach hinten ist bei der Anlage der schmaleren Vorderflügel stärker ausgeprägt.

N6–N7: Die Flügelanlagen sind zum Rücken hin orientiert, die Aderung ist gut erkennbar. Die Anlagen der Hinterflügel bedecken diejenigen der Vorderflügel. Bei N6 überragen die Anlagen der Hinterflügel am Körper die Vorderflügel deutlich. Bei N7 sind die Flügelanlagen länger und die Spitzen der beiden Flügelanlagen liegen beieinander.

Bei den langflügeligen Arten ist ab dem 4. Stadium (evtl. 3.) der abgewinkelte Teil der Flügelanlagen länger als bei den kurzflügeligen. Bei Männchen der Roesels Beißschrecke sind die Anlagen der Vorderflügel im letzten Nymphenstadium länger als diejenigen der Hinterflügel.

Bei Langfühlerschrecken mit 5 Jugendstadien sind nur im 3. Stadium (Bsp. Eichenschrecke, *Meconema thalassinum*, s. S. 67), bei solchen mit 6 Jugendstadien im 4. Stadium (Bsp. Kurzflügelige Beißschrecke, *Metrioptera brachyptera*, s. S. 126) beide bauchwärts gerichteten Flügelanlagen deutlich nach hinten orientiert.

Die Entwicklung der Flügelanlagen bei den Grillen muss noch genauer untersucht werden. Fest steht, dass die bauchwärts gerichteten Flügelanlagen nur leicht abgewinkelt werden, die Dreiecksform bleibt erhalten, die Spitze ist nach hinten verlagert. In den beiden letzten Stadien mit zum Rücken hin orientierten (dorsalen) Flügelanlagen sind die Hinterflügel deutlich länger als die Vorderflügel (s. S. 211). Eine Ausnahme bilden die Waldgrille (*Nemobius sylvestris*, s. S. 218) und das Weinhähnchen (*Oecanthus pellucens*, s. S. 214).

Langfühlerschrecken mit schuppenartigen Flügeln haben ein anderes Muster der Flügelentwicklung: Die Sattel-, Zart-, Alpen-, Berg- und Strauchschrecken zeigen keine Abwinkelung der bauchwärts gerichteten Flügelanlagen nach hinten. Dies wird am Beispiel der Gewöhnlichen Strauchschrecke (*Pholidoptera griseoaptera*, s. S. 132) gezeigt (s. Abb. 9). Wir bezeichnen diesen Typ der Flügelentwicklung als Typ 2.

N1–N2: Die Flügelanlagen sind bauchwärts gerichtet und U-förmig, der untere Rand ist breit abgeflacht und bei den Hinterflügelanlagen leicht nach vorne geneigt.

N3–N5: Die Flügelanlagen sind weiterhin nach unten orientiert. Ab dem 3. Jugendstadium bilden die breiten Hinterflügelanlagen vorne am unteren Rand einen kleinen Lappen, der im Verlauf der Entwicklung größer wird. Die meist abgerundeten Vorderflügelanlagen werden größer und leicht nach hinten gedreht.

N6–N7: Bei der Umlagerung der Flügelanlagen auf die Rückenseite werden bei den Hinterflügeln nur die kleinen Lappen nach oben gebogen, sie liegen seitlich der deutlich größeren Vorderflügelanlagen. Die Vorderflügelanlagen werden zum Teil vom Halsschild verdeckt. Im letzten Nymphenstadium sind nur die Vorderflügelanlagen größer.

Zum Entwicklungstyp 2 gehören Langfühlerschrecken mit 5 bis 7 Stadien. Die Hinterflügelanlagen der Laubholz-Säbelschrecke (*Barbitistes serricauda*, s. S. 44) mit 5 Jugendstadien haben nur im 3. Stadium vorne am unteren Rand eine kleine Erweiterung, trotzdem sind im 4. Stadium die auf der ganzen Breite nach oben gebogenen hinteren Flügelanlagen gut sichtbar. Bei Zartschrecken (Bsp. Gestreifte Zartschrecke, *Leptophyes albovittata*, s. S. 58) mit 6 Stadien bildet sich im 3. Stadium vorne am unteren Rand der Hinterflügelanlage eine kleine Ausbuchtung. Im 4. Stadium ist dort ein dreieckiger Lappen ausgebildet, dieser wird im folgenden Entwicklungsschritt nach oben gebogen.

Es wurde darauf hingewiesen, dass Typ 2 der Flügelentwicklung typisch ist für Langfühlerschrecken mit schuppenartigen Flügeln. Eine Ausnahme bilden hier die ausgewachsenen Männchen der Alpenstrauchschrecke (*Pholidoptera aptera*, s. S. 136), deren Flügel ungefähr so lang wie der Halsschild sind und somit die Flügellänge von kurzflügeligen Arten erreichen.

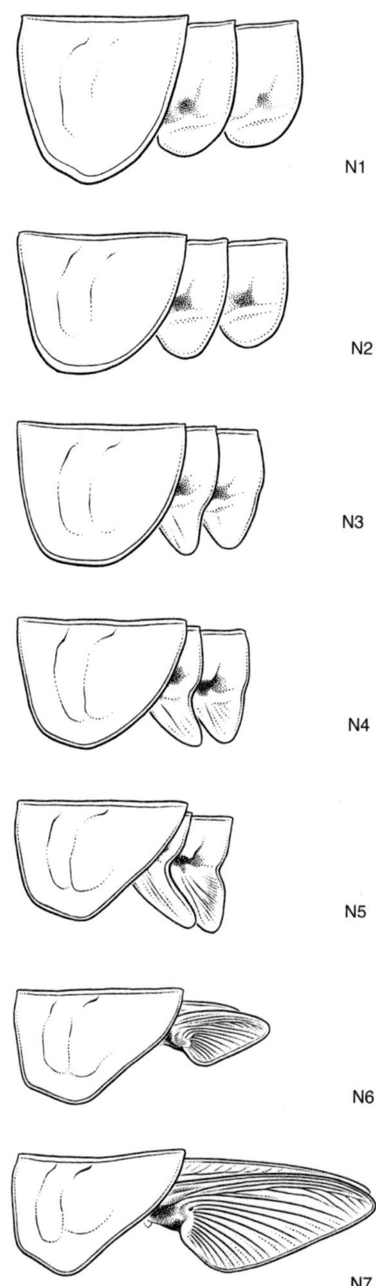

Abb. 7: Flügelentwicklung bei den langflügeligen Langfühlerschrecken am Beispiel des Grünen Heupferdes *(Tettigonia viridissima)*. Flügelentwicklung Typ 1
Die Abbildungen zeigen den Halsschild mit den Flügelanlagen, der Halsschild wurde für alle Stadien gleich lang gezeichnet. N1–N7 bezeichnen die Nymphenstadien.

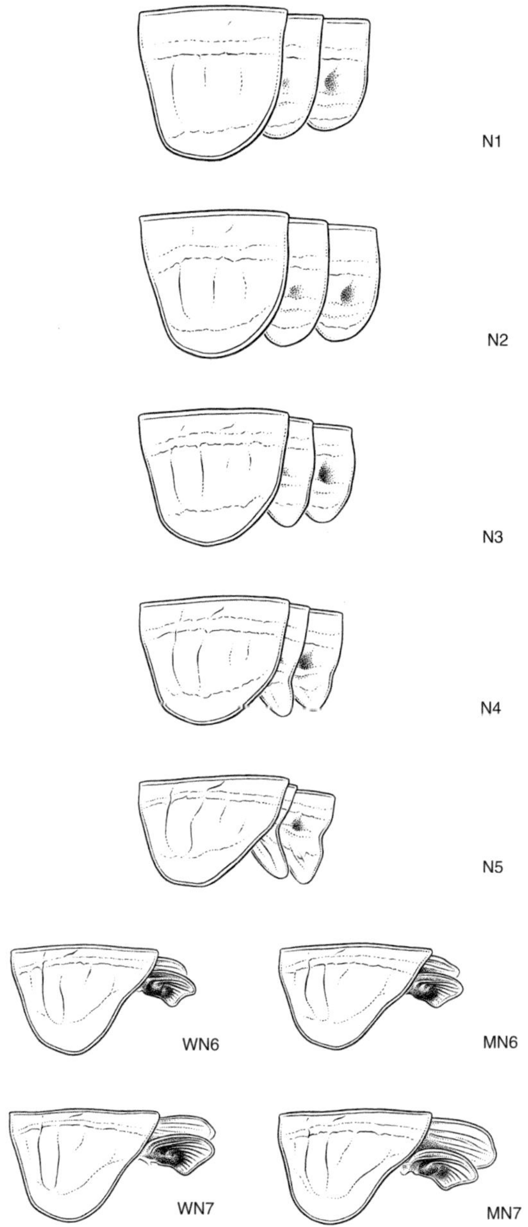

Abb. 8: Flügelentwicklung bei den kurzflügeligen Langfühlerschrecken am Beispiel von Roesels Beißschrecke *(Roeseliana roeselii)*. Flügelentwicklung Typ 1a
Die Abbildungen zeigen den Halsschild mit den Flügelanlagen, der Halsschild wurde für alle Stadien gleich lang gezeichnet. Für die letzten beiden Stadien werden Geschlechtsunterschiede bei der Flügelbildung gezeigt (links Weibchen, rechts Männchen). N1–N7 bezeichnen die Nymphenstadien.

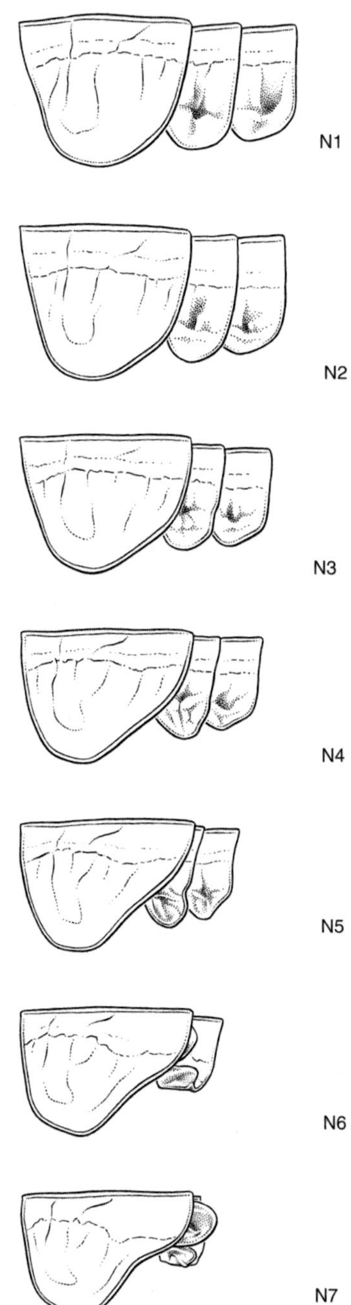

Abb. 9: Flügelentwicklung bei den stummelflügeligen Langfühlerschrecken am Beispiel der Gemeinen Strauchschrecke *(Pholidoptera griseoaptera)*. Flügelentwicklung Typ 2
Die Abbildungen zeigen den Halsschild mit den Flügelanlagen, der Halsschild wurde für alle Stadien gleich lang gezeichnet. N1–N7 bezeichnen die Nymphenstadien.

Entwicklung der Legeröhre am Beispiel des Grünen Heupferdes *(Tettigonia viridissima)*

Bereits im 1. Nymphenstadium sind mit einer Lupe auf der Bauchseite am Hinterleibende 6 Höcker (Valven) erkennbar: ein Paar im 8. und zwei Paare im 9. Glied. Im weiteren Verlauf der Entwicklung strecken sich die 6 Anlagen und bilden die Legeröhre, wobei das mittlere Paar im 9. Glied von den beiden äußeren Anlagen umschlossen wird (s. Abb. 10). Die vier äußeren Schienen verfalzen miteinander. Bei der Eiablage können sich die einzelnen Schienen unabhängig voneinander in der Längsrichtung bewegen und so die Legeröhre in das Ablagesubstrat vorantreiben.

Zur Beschreibung der Längenzunahme vergleichen wir die Legeröhre mit der Länge der Cerci:
Im 3. Stadium erreicht die Spitze der Legeröhre die Basis der Cerci, im 4. Stadium befindet sich die Spitze der Legeröhre auf der Höhe der Cercispitzen, und im 5. Stadium überragt die Legeröhre die Cerci etwa um deren Länge. In den letzten beiden Stadien übertrifft die Legeröhre die Cerci um knapp das 3-Fache respektive das 7-Fache.
Auch bei anderen Arten mit sieben Jugendstadien erreicht die Legeröhre im 4. Stadium die Spitze der Cerci. Bei Arten mit 6 Stadien, wie zum Beispiel dem Zwitscher-Heupferd (*Tettigonia cantans*, s. S. 88), gilt dies bereits für das 3. Stadium.

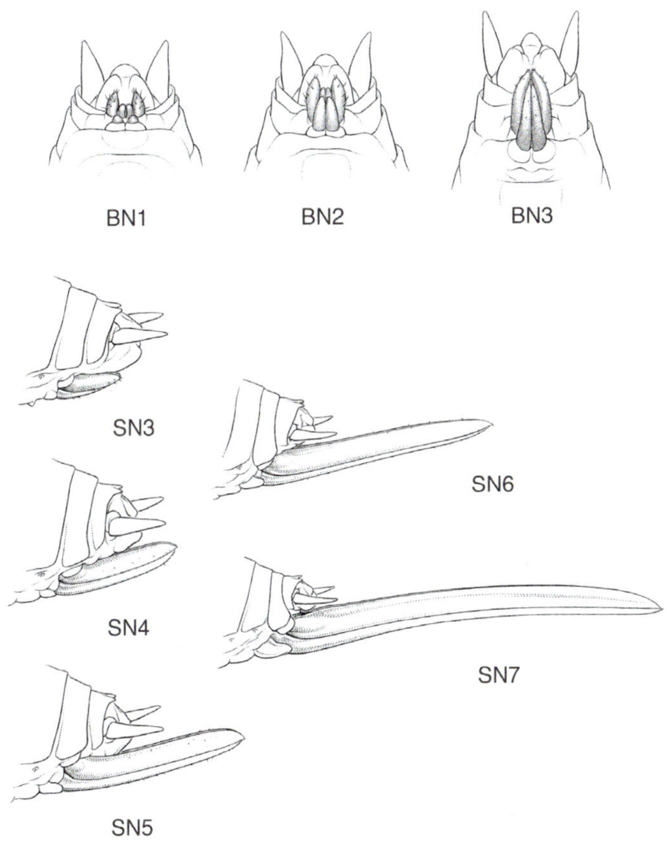

Abb. 10: Entwicklung der Legeröhre bei den Langfühlerschrecken am Beispiel des Grünen Heupferdes *(Tettigonia viridissima)*.
BN1–BN3 zeigen die Bauchansichten der ersten drei Stadien, SN3–SN7 die Seitenansichten der Legeröhre der Stadien 3–7. Als Richtgröße für den Maßstab dienen die Cerci, im gleichen Maßstab gezeichnet sind die Abbildungen BN1–BN3, SN3–SN5 sowie SN6 und SN7. Die Länge der Legeröhren kann im Verhältnis zu den Cerci erfasst werden.

Artbestimmung

Die Jugendstadien der Heuschrecken gelten im Allgemeinen als schwer bestimmbar. Dies dürfte vor allem darauf beruhen, dass die gängigen Merkmale zur Bestimmung ausgewachsener Heuschrecken wie Gesang, Länge, Form und Färbung der Flügel, Gestalt der äußeren Geschlechtsorgane und markante Farbmuster bei den Jugendstadien weitgehend fehlen. Die geringe Größe sowie die entwicklungsbedingten Veränderungen des Körperbaus und vielfach auch der Färbung erschweren die Bestimmung der Nymphen zusätzlich.

Zur Beschreibung der Jugendstadien in dieser Arbeit wurden Lebensräume mit bekannter Artenzusammensetzung immer wieder aufgesucht und die Nymphen aufgrund der Ähnlichkeit mit den ausgewachsenen Artgenossen bestimmt und fotografisch dokumentiert. Ab und zu konnten frühe Nymphenstadien erst dank Vergleichen mit älteren identifiziert werden. In seltenen Fällen wurde die Artzugehörigkeit einer Nymphe durch Aufzucht in einem Gehege ermittelt. Bei der Durchführung der Studie gaben Nymphen-Bestimmungsschlüssel von Pichler, Ingrisch und Oschmann sowie Bilder von Jugendstadien auf der Webseite www.orthoptera.ch wertvolle Hinweise.

Die schrittweise Annäherung der Nymphen an die Gestalt der ausgewachsenen Artgenossen erlaubt es in den meisten Fällen, die Jugendstadien einer Art zuzuordnen. Oft müssen dazu neue, feinere Unterscheidungsmerkmale definiert werden. Ältere Jugendstadien sind einfacher zu bestimmen als frühe. In einigen Fällen lassen sich frühe Stadien nahe verwandter Arten aufgrund des Körperbaus und der Färbung nicht voneinander unterscheiden.

Jugendstadien der Kurzfühlerschrecken sind in der Färbung und Musterung viel variabler und somit schwerer zu bestimmen als Nymphen der Langfühlerschrecken. Besondere Schwierigkeiten bereiten Kurzfühlerschrecken, deren Nymphen sowohl eine grüne als auch eine braune Grundfärbung haben. Die braunen Individuen sind viel kontrastreicher gezeichnet als die grünen und vermitteln den Eindruck, zu einer anderen Art zu gehören (s. Abb. 11 und 12).

Abb. 11: Braune Strandschrecke *(Aiolopus strepens)*, 4. Nymphenstadium mit grüner Grundfärbung

Abb. 12: Braune Strandschrecke *(Aiolopus strepens)*, 4. Nymphenstadium mit brauner Grundfärbung

Einige Grashüpferarten, die als Erwachsene fast nur anhand des Gesanges unterschieden werden können, lassen sich als Nymphen aufgrund der Erscheinung nicht einer Art zuordnen. Zusätzliche Hinweise wie Lebensraum, Verbreitung oder Phänologie können bei der Bestimmung helfen (s. Artenporträts, S. 32).

Wichtige Bestimmungsmerkmale bei den Kurzfühlerschrecken sind:

- *Kopfform* rund oder spitzwinklig
- *Scheitelgrübchen* vorhanden oder fehlend
- *Wangen* marmoriert oder speziell gefärbt
- *Fühler* am Ende erweitert oder unterschiedlich gefärbt
- *Halsschild-Seitenkiele* gerade, gebogen oder geknickt
- *Halsschild-Seitenlappen* einfarbig, gefleckt oder gebändert
- *Hinterschenkel* mit hellem Ring vor Knie, Querbänderung auf Innen- und Außenseite
- *zum Rücken hin orientierte Flügelanlagen* kurz oder lang, breit oder schmal, Enden stumpf oder spitz
- *Hinterleib* mit heller Seitenlinie, Färbung der Körperseite
- *Behaarung* ausgeprägt oder fehlend
- Sichtbarkeit und Form der *Legeröhrenklappen*

Besondere Bestimmungsmerkmale bei Dornschrecken sind:

- *Halsschild* mit gewölbtem oder geradem Mittelkiel, Vorderrand gerade oder winklig vorgezogen
- *Kopfgipfel* ragt über die Augen
- *Fühlerglieder* lang und dünn oder kurz und breit
- *Unterkante des Mittel- und Vorderschenkels* gewellt oder gerade
- *Hinterschenkel* breit oder schmal

Wichtige Unterscheidungsmerkmale bei den Langfühlerschrecken sind:

- *Kopfform* rund oder keilförmig
- *Halsschild-Seitenlappen* mit Bänderung am Unter- oder Hinterrand
- *Hinterschenkel* mit hellem Ring vor Knie oder besonderer Färbung, insbesondere auf der Unterseite
- *Flügelanlagen* mit besonderer Färbung, Länge und Form
- *Entwicklung der Flügelanlagen* vom Typ 1 oder 2
- *Rücken* mit Bänderung oder Zeichnung
- Länge und Form der *Legeröhre*
- Färbung und Form der *Cerci*

Bei der Bestimmung der Nymphen ist es wichtig, möglichst viele Merkmale zu berücksichtigen.

Phänologie

Das griechische Wort *phainein* bedeutet «sichtbar machen, erscheinen». Die Phänologie beschäftigt sich mit den periodisch wiederkehrenden Wachstums- und Entwicklungserscheinungen von Pflanzen und Tieren. Auf die Heuschrecken übertragen lautet die Frage: Wann können die Jugendstadien respektive die ausgewachsenen Individuen der verschiedenen Heuschreckenarten im Jahresverlauf beobachtet werden?

Heuschrecken leben in der Regel ein Jahr, ihre Phänologie wird bestimmt durch den Schlupftermin, die Dauer der Jugendentwicklung und des ausgewachsenen Stadiums. Die meisten Heuschrecken überwintern im Ei – einige Arten können über mehrere Jahre im Eistadium verharren –, sie schlüpfen im Frühling, im Sommer erreichen sie die Geschlechtsreife und pflanzen sich fort, im Herbst sterben sie.

Dornschrecken und die meisten Grillen zeigen ein anderes phänologisches Muster: Sie schlüpfen im Sommer aus dem Ei, einige Arten schließen die Jugendentwicklung bis zum Herbst ab und überwintern als ausgewachsene Tiere, andere überwintern als fortgeschrittene Nymphen und werden erst im folgenden Frühling ausgewachsen. Die Fortpflanzung erfolgt im Frühling.

Eine dritte Gruppe bilden Höhlenschrecken und in Gebäuden lebende Arten. Mit ihrem Lebenszyklus sind sie nicht an bestimmte Jahreszeiten gebunden.

Innerhalb der drei Gruppen unterscheiden sich die Arten im jahreszeitlichen Auftreten. Das soll an zwei Arten gezeigt werden, die im Eistadium überwintern: Die frühesten Individuen der Kleinen Goldschrecke *(Euthystira brachyptera)* schlüpfen bereits Mitte März, Ende April sind sie ausgewachsen. Die ersten Weißrandigen Grashüpfer *(Chorthippus albomarginatus)* erscheinen als Nymphen erst Ende Mai. Das charakteristische früheste Auftreten im Jahr kann bei der Artbestimmung der Nymphen hilfreich sein.

Zur gleichen Zeit können an einem Ort verschiedene Entwicklungsstadien einer Art nebeneinander auftreten, im Extremfall können von derselben Art ausgewachsene Heuschrecken neben frühen Jugendstadien beobachtet werden. Dies beruht einerseits auf unterschiedlichen Schlupfterminen, anderseits konnte bei mehreren Arten nachgewiesen werden, dass die Männchen gegenüber den Weibchen einen Entwicklungsvorsprung haben und früher ausgewachsen sind.

Vergleicht man das zeitliche Auftreten einer Art an einem bestimmten Ort über mehrere Jahre, ergeben sich Unterschiede, die auf Witterungsunterschiede im Frühjahr zurückzuführen sind. Heuschrecken sind wärmeliebende Tiere. Sie können ihre lebenswichtige Körpertemperatur nicht selbst erzeugen, vielmehr sind sie auf die Wärme der Umgebung angewiesen. Die Umgebungstemperatur spielt vor allem für die Entwicklung im Ei und für den Schlupftermin eine zentrale Rolle. Nach dem Schlupf haben die Individuen in gewissen Grenzen die Möglichkeit, den Wärmehaushalt durch Aufsuchen von Sonnenplätzen und Ausrichtung des Körpers zur Sonneneinstrahlung selbst zu regulieren.

Der Einfluss der Temperatur auf die Phänologie der Heuschrecken kommt im Gebirgsland Schweiz sehr deutlich im Zusammenhang mit der vertikalen Verbreitung zum Ausdruck. So schlüpfen Individuen einer Art in tieferen Lagen viel früher als in den Bergen. Das soll am Beispiel der Wanstschrecke *(Polysarcus denticauda)* gezeigt werden. Am 19. April 2018 wurden im Kanton Schaffhausen auf 860 m ü. M. Nymphen im 2. Stadium beobachtet. Am 10. Juni 2018 – knapp zwei Monate später – wurden in den Westalpen auf 1870 m ü. M. Wanstschrecken im 1. und 2. Jugendstadium festgestellt.

In höheren Lagen erfolgt die Schneeschmelze später, mit zunehmender Höhe nehmen die Temperaturen im Durchschnitt um 0,64 °C pro 100 Meter ab und die Sonneneinstrahlung wird stärker. Trotzdem lässt sich keine einfache Beziehung zwischen der Höhe und der Phänologie der Heuschrecken festlegen. Ausschlaggebend sind vielmehr kleinräumige Bedingungen, welche die für Heuschrecken wesentlichen klimatischen Verhältnisse in Bodennähe (Mikroklima) beeinflussen. Die Erwärmung wird bestimmt durch die Ausrichtung des Lebensraumes zur Sonneneinstrahlung (Exposition), die Hangneigung und somit den Einstrahlungswinkel der Sonne (Inklination), die Dichte und Höhe der Vegetation sowie die Beschaffenheit des Untergrundes. Feuchte Lebensräume sind aufgrund der Verdunstung kühler. Der Abfluss und die Ansammlung von Kaltluft können das Mikroklima im Alpenraum stark prägen.

Auch die Lage des Lebensraumes im Alpenbogen beeinflusst die Phänologie der Heuschrecken. Die zentralen Bereiche der Schweizer Alpen (Wallis und Engadin) befinden sich im Regenschatten und sind trocken und warm, die Randregionen hingegen feucht und kühler. Milde Luft aus der Mittelmeerregion führt auf der Alpensüdseite zu höheren Temperaturen, alpenüberquerende Fallwinde erwärmen als Föhn die Täler am nördlichen Alpenrand.

Abb. 13: Die frühen Jugendstadien des Grünen Heupferdes *(Tettigonia viridissima)* treten zur gleichen Jahreszeit auf wie der blühende Löwenzahn. Der Blütenstaub dieser Pflanze ist eine beliebte Nahrung der Nymphen.

Färbung der Jungstadien

Die Ähnlichkeit zwischen den Jugendstadien und den ausgewachsenen Individuen (Imagines) gilt im Allgemeinen nicht nur für den Körperbau, sondern auch für die Färbung. So entspricht die Grundfärbung des Grünen Heupferdes *(Tettigonia viridissima)* bereits ab dem 1. Jugendstadium der Färbung der ausgewachsenen Tiere (s. S. 84). Eine farbliche Übereinstimmung findet man hauptsächlich bei Arten, die als Imago eine grüne Grundfärbung haben.

Im Folgenden interessieren uns Abweichungen vom geschilderten Muster. Die besondere Färbung der Jugendstadien und der Verlauf des Farbwechsels sollen an vier Beispielen etwas genauer betrachtet werden.

Bei der Kleinen Braunschrecke *(Pezotettix giornae)* ist der Körper im 1. Jugendstadium grün, Kopf und Hinterschenkel sind violett (s. S. 265). Im 2. Stadium sind die Nymphen vollständig grün, wenige auch olivgrün oder braun. Die meisten Individuen nehmen die namengebende braune Grundfärbung erst als Imago an.

Das 1. Jugendstadium der Westlichen Beißschrecke *(Platycleis albopunctata)* ist am Kopf und auf der Körperseite braunschwarz oder schwarz, auf dem Rücken hellbraun (s. S. 104). Im Verlauf der weiteren Entwicklung werden bei den meisten Individuen die Halsschild- und Körperseite grüner, der Rücken etwas dunkler braun. Im letzten Jugendstadium sind die Körperseite sowie Teile des Hinterschenkels grün, der Rücken und die Kopfseite braun. Die einheitlich braune oder graue Grundfärbung der ausgewachsenen Tiere erscheint erst nach der letzten, 7. Häutung.

Die Grüne Strauchschrecke *(Eupholidoptera chabrieri)* ist in den ersten vier Stadien schwarz mit hellbraunem Rücken und grünem Bauch (s. S. 148). Erst ab dem 5. Nymphenstadium wird der Körper heller braun, untere Körperseite und Hinterschenkel werden vermehrt grün. Die charakteristische Grünfärbung des ganzen Körpers und der Extremitäten ist erst beim ausgewachsenen Tier sichtbar.

Die Italienische Schönschrecke *(Calliptamus italicus)* tritt im 1. Nymphenstadium in zwei verschiedenen Erscheinungsformen auf. Bei der häufigeren Form ist sie am Kopf und ab dem 2. Hinterleibsegment schwarz, Brust und 1. Hinterleibglied sind weiß (s. S. 269). Im 2. Stadium werden die weißen Teile etwas dunkler, die schwarzen heller, ab dem 3. Stadium haben die Nymphen die braune Grundfärbung der ausgewachsenen Tiere.

Die vier Beispiele zeigen, dass die Grundfärbung der ausgewachsenen Individuen in verschiedenen Entwicklungsstadien erreicht wird. Während die Italienische Schönschrecke schon im 3. Stadium in der Grundfärbung der Erwachsenen erscheint, sind bei den anderen drei Arten die Nymphen während der ganzen Jugendentwicklung anders gefärbt. Auffallend ist, dass sich das 1. Nymphenstadium – bei der Grünen Strauchschrecke sind es sogar die ersten vier Stadien! – deutlich von den folgenden unterscheidet. Bei der Grünen Strauchschrecke führt die Entwicklung der Färbung ab dem 5. Stadium allmählich weiter zur Grundfärbung der Imagines. Bei den beiden anderen Arten erscheint die vorherrschende Grundfärbung der ausgewachsenen Tiere erst nach der letzten Häutung, grüne Farbtöne der Jugendstadien fehlen dann in der Regel.

Bei den ausgewachsenen Tieren der Großen Höckerschrecke *(Arcyptera fusca)* sind die Hinterschiene und die Unterseite der Hinterschenkel bei beiden Geschlechtern intensiv rot gefärbt (s. S. 318). Diese Färbung dürfte beim Paarungsverhalten als Signal eine wichtige Rolle spielen. Im Verlauf der Juvenilentwicklung erscheint diese Rotfärbung erst im letzten Nymphenstadium, ist aber noch nicht sehr intensiv. Die Rotfärbung der Hinterschiene ist bei zahlreichen Männchen der Feldheuschreckenarten verbreitet, in den meisten Fällen wird die intensive Färbung erst beim ausgewachsenen Tier realisiert.

Im Zusammenhang mit der Färbung und Musterung lassen sich bei den Nymphen wiederkehrende Merkmale feststellen: Die Grundfärbung der Nymphen ist vor allem schwarz, braun oder grün. Der Rücken und die Oberseite der Hinterschenkel sind häufig anders gefärbt, dunkle Nymphen sind an diesen Körperteilen hellbraun. Eine helle oder hell-dunkle Linie am Hinterleib trennt die dunkle Seite von der helleren Oberseite, vielfach ist die Linie in jedem Segment schräg gestellt, sodass ein Sägemuster entsteht (s. Abb. 14–16). Grüne oder braune Jugendstadien haben oft dunkle Punkte oder kurze Striche an Halsschild und Hinterleib. Diese Muster sind bei vielen Arten am Rand der einzelnen Glieder besonders ausgeprägt.

Aus der Literatur ist bekannt, dass sich zahlreiche Beutegreifer wie Grabwespen, Spinnen, Eidechsen und Vögel von den eiweißreichen Heuschreckennymphen ernähren und deren Populationen in beträchtlichem Maß reduzieren! Wie groß der Verlust ist und welche Entwicklungsstadien dabei die größte Sterblichkeit aufweisen, ist bisher kaum erforscht. Im Zusammenhang mit der besonderen Färbung ist anzunehmen, dass das 1. Stadium besonders stark von Verlusten betroffen ist.

Die geschilderten Färbungen der Nymphen sind evolutionäre Anpassungen an den großen Feinddruck. Dank der grünen Färbung sind die Individuen auf den Blättern von Gräsern und Büschen gut getarnt. Die dunkle Färbung macht die Nymphen sowohl auf Sträuchern als auch auf dem farblich vielfältigeren Boden für Beutegreifer weniger gut sichtbar. Die oben beschriebenen Farbmuster und Zeichnungen dienen dazu, die Körperform der Nymphen aufzulösen. Ein besonders gutes Beispiel dafür ist die schwarz-weiße Zeichnung der Italienischen Schönschrecke, die zusammen mit der Bewegungslosigkeit die Tarnung der Nymphen perfekt macht (s. S. 270).

Von oben betrachtet ist bei vielen Arten die optische Auflösung der Körperform gut zu erkennen (s. Abb. 14–17). Im Zusammenhang mit der Tarnung wird auch verständlich, weshalb farblich auffallende Körperteile wie rote Schienen erst bei den ausgewachsenen Feldheuschrecken ausgebildet werden.

Einige bodenlebende Heuschreckenarten können sich im Verlauf der Jugendentwicklung farblich an den Untergrund anpassen (Homochromie). So sind frühe Jugendstadien der Blauflügeligen Ödlandschrecke (*Oedipoda caerulescens,* s. S. 279) einheitlich grau oder braun gefärbt, in den letzten beiden Nymphenstadien aber treten als individuelle Anpassung zahlreiche Farbvarianten auf. Als Beispiel dazu zeigt Abb. 18 die farbliche Variabilität der Blauflügeligen Ödlandschrecke in einer alten Kiesgrube, deren Boden verschieden gefärbt ist.

Nymphen im Hochgebirge sind häufig dunkler gefärbt als ihre Artgenossen in tieferen Lagen. Dies dürfte für den Wärmehaushalt der Tiere vorteilhaft sein, da schwarze Flächen die Strahlungsenergie besser absorbieren und so das Aufwärmen des Körpers unterstützen (s. Abb. 19).

Abb. 14: Nordische Gebirgsschrecke *(Melanoplus frigidus)*, 4. Nymphenstadium

Abb. 15: Kreuzschrecke *(Oedaleus decorus)*, 3. Nymphenstadium

Abb. 16: Rückenzeichnung der Atlantischen Bergschrecke *(Antaxius pedestris)*, 6. Nymphenstadium, Weibchen

Abb. 17: Rückenzeichnung der Gestreiften Südschrecke *(Pachytrachis striolatus)*, 7. Nymphenstadium, Weibchen

Abb. 18: Variabilität der Färbung der Blauflügeligen Ödlandschrecke *(Oedipoda caerulescens)*, letztes Nymphenstadium (alle vom selben Fundort)

Abb. 19: Dunkel gefärbte Sumpfschrecke *(Stethophyma grossum)*, letztes Nymphenstadium von einem hoch gelegenen Lebensraum (Simplonpass, 2000 m ü. M.)

Exkurs: Beobachten, Fotografieren, Halten

Abb. 20: 1. Nymphenstadium des Grünen Heupferdes *(Tettigonia viridissima)* auf Frühlings-Schlüsselblume

Beobachten

Frühe Jugendstadien der Heuschrecken sind sehr klein: 1. Nymphenstadien von Dornschrecken und Grillen sind etwa 2–3 mm lang, Langfühlerschrecken erreichen ungefähr 4–5 mm. Das Entdecken dieser frühen Stadien erfordert Geduld und Erfahrung. Aber man muss ja nicht mit den frühesten Stadien beginnen. Jugendstadien findet man durch sorgfältiges Absuchen eines Lebensraumes. Am Morgen oder bei Aufhellungen nach Niederschlägen sitzen die Nymphen oft auf Blättern oder Blüten und sonnen sich. Grillen verstecken sich gerne unter Steinen oder Holz. Vielfach entdeckt man die Tiere erst, wenn sie bei Annäherung davonspringen. Einfacher gelingt der Fang mit einem Kescher, mit dem man durch die Vegetation streift; dabei müssen die lokalen Naturschutzvorschriften beachtet werden. Zum Entdecken strauch- und baumbewohnender Nymphen benutzt man einen Klopfschirm als Auffangfläche (z. B. einen umgekehrt gehaltenen, hellen Regenschirm) und schlägt mit einem Stock kräftig gegen den zu untersuchenden Ast. Bestimmte Arten wie die Stumme Grille *(Gryllomorpha dalmatina)* oder die Südliche Eichenschrecke *(Meconema meridionale)* sucht man am besten in der Nacht.

Die gefangenen Nymphen können mit dem vorliegenden Buch im Feld bestimmt und anschließend wieder freigelassen werden, sie müssen zu diesem Zweck nicht getötet und gesammelt werden. Zur Art- und Altersbestimmung betrachtet man die Fänglinge am besten einzeln in einem kleinen Sammelglas mit einer Lupe, die 10-fach vergrößert.

Die Informationen zur Phänologie können helfen, den richtigen Zeitpunkt für die Suche bestimmter Arten zu wählen. Zum Kennenlernen der Nymphen lohnt es sich, die Jugendstadien in einem Lebensraum mit bekanntem Artenspektrum zu studieren.

Fotografieren

Heuschrecken sind beliebte Fotoobjekte. Gute Aufnahmen helfen bei der Art- und Altersbestimmung der Jugendstadien und dienen der Dokumentation der Beobachtungen. Dabei ist es wichtig, die Nymphen von verschiedenen Seiten zu fotografieren und so die wesentlichen Bestimmungsmerkmale festzuhalten; dies gilt vor allem für Dornschrecken.

Die vorliegenden Fotografien wurden mit einer Spiegelreflexkamera und einem 100-mm-Makroobjektiv gemacht, das Abbildungen bis zum Maßstab 1:1 ermöglicht. Zum Fotografieren der frühen Nymphenstadien wurde, wenn immer möglich, ein Lupenobjektiv (Vergrößerung 1–5x) eingesetzt. Die Verwendung dieses Lupenobjektives verlangt einige Übung, da die Scharfstellung manuell erfolgt, der Abstand zwischen Objekt und Objektiv recht klein und die Fluchtgefahr des Tieres entsprechend groß ist. Zur besseren Ausleuchtung der Nymphen wurden bei beiden Objektiven je zwei Makroblitzköpfe mit einem Adapter am Vorderrand angebracht, Diffusoren auf den Blitzköpfen verminderten Glanzlichter. Beim Fotografieren in Bodennähe wurde auf ein Stativ verzichtet, die Stabilität beim Fotografieren wurde durch das Abstützen auf dem Boden oder mit einem Bohnensack erreicht.

Halten von Jugendstadien

Zum Studium der Entwicklung oder zur Artbestimmung unbekannter Jugendstadien lassen sich die meisten Heuschrecken recht einfach halten.

Als Gehege eignen sich größere Einmachgläser, Terrarien oder Netzbehälter (Aerarien). Damit sich die Tiere möglichst wohl fühlen, werden die Behälter mit Materialien aus ihrem Lebensraum ausgestattet: Sträuße aus Blumen und Kräutern, Äste, Laub, Erde, Rasenziegel oder Steine. In einem Gehege sollte nur eine Art mit wenigen Individuen gehalten werden.

Pflanzenfressende Nymphen lassen sich am einfachsten halten. Als Futter bietet man je nach Art Pflanzen wie Löwenzahn, Brombeerblätter und verschiedene Gräser an, beliebt sind auch Haferflocken.

Laubheuschrecken und Grillen, die sich von tierischer Nahrung ernähren, können zudem Fischtrockenfutter, Hundekekse oder zerkleinerte Mehlwürmer verabreicht werden, auch Stängel mit Blattläusen werden gerne abgeweidet. Dornschrecken benötigen Moose, Flechten und Algen als Nahrung.

Für eine erfolgreiche Aufzucht von Jugendstadien ist es wichtig, für eine gute Klimatisierung des Geheges zu sorgen. Neben einer ausreichenden Belüftung brauchen die Tiere sowohl Sonnen- wie auch Schattenplätze, zudem ist auf eine angemessene Feuchtigkeit zu achten.

Abb. 21: Begegnung einer Fliege mit der Nymphe des Rotleibigen Grashüpfers *(Omocestes haemorrhoidalis)* im 1. Stadium

Artenporträts mit Jugendstadien

Einführung in die Artenporträts

In den Artenporträts werden alle 109 Heuschreckenarten vorgestellt, die in der Schweiz aktuell vorkommen und etabliert sind. Gefangenschaftsflüchtlinge werden weggelassen.

Die Artenporträts sind systematisch geordnet: Zuerst werden die Langfühlerschrecken (Ensifera) mit den Laubheuschrecken und den Grillen, anschließend die Kurzfühlerschrecken (Caelifera) mit den Dornschrecken und den Feldheuschrecken vorgestellt. Innerhalb der systematischen Einheiten werden die Arten nach Ähnlichkeit und Häufigkeit des Vorkommens angeordnet.

Auf einen Bestimmungsschlüssel für die Jugendstadien wurde verzichtet, da das Vorhaben zu kompliziert war. Als Orientierungshilfe wird bei jedem Artporträt neben der wissenschaftlichen Bezeichnung auch die Unterfamilie notiert.

Erläuterungen zu den Angaben in den Artenporträts

Die Informationen in den Artenporträts sollen helfen, die Jugendstadien der Heuschrecken im Feld nach Art und Alter (Stadium) zu bestimmen.

Fotos: Jede Art wird mit Fotos der Jugendstadien sowie dem Bild eines ausgewachsenen Tieres vorgestellt. Das ausgewachsene Tier wird jeweils am Anfang über dem Textteil gezeigt; in der rechten unteren Ecke des Bildes ist das Geschlecht notiert.

Bei der Präsentation der Jugendstadien wird darauf geachtet, dass sowohl frühe als auch späte Stadien vertreten sind, auch Farbvarianten und Geschlechtsunterschiede werden berücksichtigt. Die Zahl der Nymphenbilder in den einzelnen Artenporträts wird bestimmt durch die Anzahl der Entwicklungsstadien und die zur Verfügung stehenden Abbildungen. Auf den Bildern mit Langfühlerschrecken mussten aus Platzgründen oft die Fühler beschnitten werden.

Nomenklatur: Die wissenschaftlichen Namen werden nach dem «Orthoptera Species File» (Stand 2018) verwendet. Gängige Bezeichnungen in Deutsch, Französisch und Englisch ergänzen die Angaben.

Phänologie: Informationen zum jahreszeitlichen Auftreten werden in grafischer Form sowohl zu den Jugendstadien (grün) als auch zu den ausgewachsenen Tieren (braun) gegeben, der Zeitstrahl ist in 12 Monate unterteilt. Grüne und braune Felder in den Wintermonaten weisen auf eine Überwinterung hin; bei günstigen Bedingungen können die Tiere in dieser Zeit auch beobachtet werden.

Die Angaben zu den Jugendstadien stammen hauptsächlich von eigenen Beobachtungen und repräsentieren eine eher kleine Anzahl Beobachtungen und einen kurzen Beobachtungszeitraum von vier Jahren.

Die phänologischen Daten beruhen nicht nur auf direkten Beobachtungen. Vom Beobachtungsdatum eines bestimmten Jugendstadiums wurde mehrfach der ungefähre Schlupftermin ermittelt. Beispiel: Am 17.4.2020 wurde ein Heidegrashüpfer *(Stenobothrus lineatus)* im 4. Jugendstadium beobachtet. Unter der Annahme, dass ein Jugendstadium 10 Tage dauert, wurde der Schlupftermin auf den 18. März angesetzt (die unbekannte Dauer des 4. Stadiums wurde dabei vernachlässigt).

Die phänologischen Angaben der Jugendstadien dürften in den meisten Fällen das jahreszeitliche Vorkommen abbilden. Frühes Auftreten wurde besser erfasst als spätes. Der Vergleich der frühesten Beobachtungen von Nymphen mit ausgewachsenen

Tieren derselben Art zeigt, dass im Zusammenhang mit der Juvenilphase von mindestens 40 Tagen bei einigen Arten die Nymphen noch früher schlüpfen. Die Beobachtungen im Jahr 2020 lassen zudem vermuten, dass sich die frühesten Beobachtungen im Zusammenhang mit dem Klimawandel in Zukunft noch weiter im Jahr nach vorne verschieben werden.

Anzahl Jugendstadien: Die Angaben zur Anzahl der Jugendstadien einer Art stammen von Literaturangaben. Fehlende Informationen werden mit einem Fragezeichen markiert. Bei den Kurzfühlerschrecken weisen die größeren Weibchen teilweise ein Jugendstadium mehr auf als die kleineren Männchen

Lebensraum: Die Kurzbeschreibungen charakterisieren die typischen Lebensräume.

Verbreitung: Die Beschreibungen beruhen auf Angaben von info fauna – Schweizerisches Zentrum für die Kartographie der Fauna (www.cscf.ch.), Stand 2020. Aktuelle und präzisere Informationen zur Verbreitung einzelner Arten können auf der Internet-Seite abgerufen werden.

Merkmale der Nymphen
Auf eine allgemeine Beschreibung der Jugendstadien wird verzichtet. Es werden nur die für die Artbestimmung wesentlichen Merkmale sowie deren Veränderungen beschrieben. Dabei werden lediglich Merkmale berücksichtigt, die im Feld mit bloßem Auge oder mit einer Lupe beurteilt werden können. Die wichtigsten Bestimmungsmerkmale sind *kursiv* gesetzt.

Die verwendeten Begriffe zum Körperbau werden mit Habitus-Zeichnungen vorgestellt (s. S. 11–13) und im Glossar (s. S. 407) erläutert.

Flügelanlagen: Langfühlerschrecken haben zwei vollkommen unterschiedliche Typen der Flügelentwicklung. Diese werden in den Abbildungen 7–9 (S. 16–20) dargestellt.

Ähnliche Arten werden alphabetisch geordnet. Aus Platzgründen werden nur die wichtigsten Unterscheidungsmerkmale aufgelistet. Für weitere Informationen wird jeweils auf das entsprechende Artporträt verwiesen.

Abkürzungen
In den Texten werden folgende Abkürzungen verwendet:

N = Nymphenstadium
M = Männchen
W = Weibchen

Die Zahl hinter der Abkürzung verweist auf das Entwicklungsstadium (Bespiel: N1 = 1. Nymphenstadium).

♀

Phaneroptera falcata Sichelschrecken

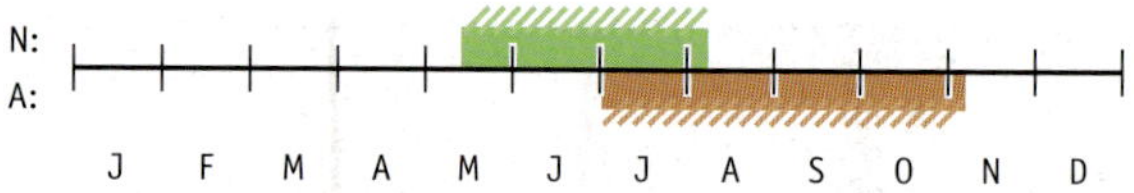

N:
A:

J F M A M J J A S O N D

Anzahl Jugendstadien: 6

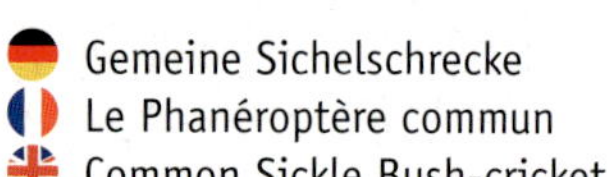

Gemeine Sichelschrecke
Le Phanéroptère commun
Common Sickle Bush-cricket

Lebensraum: Trockenwarme Wiesen, Gebüsche und Ruderalstandorte
Verbreitung: Tiefe Lagen in der ganzen Schweiz

Merkmale der Nymphen

Grundfärbung: Grünbraun, ab N3 grün.
Kopf: Rundlich, frühe Nymphenstadien mit weißer Mittellinie, *schwarze Binde verbindet Augen*, Fühler schwarz-weiß geringelt, *Stirn ab N3 weiß*. Auge ab N4 mit leichter Rotfärbung auf Oberseite, ab N5 die Rotfärbung ausgeprägter.
Halsschild: Seitenlappen an Vorder- und Hinterrand hell mit kurzen, schwarzen Strichen, Halsschild ab N3 dorsal verlängert, *Länge des Halsschildes größer als Höhe*.
Hinterschenkel: *Schlank, lang und dünn*, mit schwarzen Punkten, Hinterknie bis N4 schwarz.
Hinterleib: Hinterseite der Segmente mit hellem Rand und schwarzen Längsstrichen, bei älteren Nymphen ist der Saum dunkler, grüner.
Flügelanlagen: Entwicklungstyp 1.
Cerci: Ab MN5 nach innen gebogen, im letzten Drittel dunkelbraun oder schwarz, leicht verdickt.
Legeröhre: Sichelförmig nach oben gebogen, Länge bei WN6 knapp 1/3 der Hinterschiene.

Ähnliche Arten
Leptophyes punctatissima: Grundfärbung einheitlich grün mit zahlreichen schwarzen Punkten. Halsschild auf Seite mit weißer Linie ab N3. Dorsale Flügelanlagen sehr klein, Entwicklungstyp 2. (s. S. 50)
Phaneroptera nana: N1–N3 mit braunem Scheitel. Halsschild ab N3 gleich lang wie hoch. Cerci der älteren Männchen nur an Spitze und vereinzelt auf Innenseite im letzten Drittel dunkel. (s. S. 38)

Phaneroptera falcata: Nymphenstadium 1

Phaneroptera falcata: Nymphenstadium 2

Phaneroptera falcata: Nymphenstadium 3, Weibchen

Phaneroptera falcata: Nymphenstadium 4, Weibchen

Phaneroptera falcata: Nymphenstadium 5, Weibchen

Phaneroptera falcata: Nymphenstadium 6, Männchen

Phaneroptera nana

Sichelschrecken

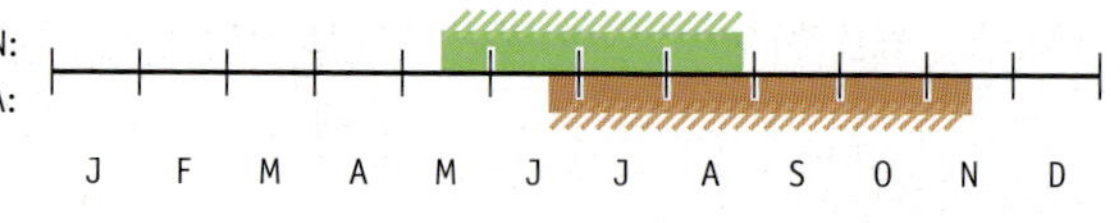

Anzahl Jugendstadien: 6

Vierpunktige Sichelschrecke
Le Phanéroptère méridional
Southern Sickle Bus-cricket

Lebensraum: Sträucher und Laubbäume, oft in Gärten und Parkanlagen
Verbreitung: Tessin, Wallis, Westschweiz, Region Basel; stark in Ausbreitung begriffen

Merkmale der Nymphen

Grundfärbung: Grün oder bräunlich, N1 auch schwarz.
Kopf: Rundlich, *N1–N3 (N4) mit dunklem Scheitel,* zuerst *dunkelbraun bis schwarz, dann braungrau,* unterbrochen von einer hellen Längsbinde. *Hellgelber Ring über Auge,* an Augenhinterrand dunkles Band bis zum Halsschild. Auge ab N4 selten, ab N5 häufiger auf der Oberseite leicht rötlich.
Halsschild: Seitenlappen an Vorder- und Hinterrand hell mit dunklen Strichen, N4 noch mit schwarzen Flecken auf Halsschildseite, Halsschild ab N3 länger, *Länge des Halsschildes gleich wie Höhe.*
Hinterschenkel: Lang und dünn, N1 mit schwarzen Punkten und drei breiten, schwarzen Binden, diese verschwinden später, Hinterknie bis N4 schwarz.
Rücken: Schwarze Doppellinie vom Scheitel bis zum Hinterleibende.
Hinterleib: Glieder am Hinterende etwas heller und mit schwarzen Längsstrichen bis N5.
Gestalt: *Gedrungener.*
Flügelanlagen: Entwicklungstyp 1.
Cerci: Ab MN5 an Spitze schwarz, selten auf Innenseite im letzten Drittel dunkel.
Legeröhre: Sichelförmig nach oben gebogen, Länge bei WN6 gut 1/3 der Hinterschenkel.

Ähnliche Art
Phaneroptera falcata: N1 mit schwarzem Band zwischen den Augen. Ältere Männchen mit schwarzen Cerci im letzten Drittel. Gestalt feiner. (s. S. 34)

Phaneroptera nana: Nymphenstadium 1

Phaneroptera nana: Nymphenstadium 2

Phaneroptera nana: Nymphenstadium 3

Phaneroptera nana: Nymphenstadium 4, Weibchen

Phaneroptera nana: Nymphenstadium 5, Männchen

Phaneroptera nana: Nymphenstadium 6, Weibchen

Barbitistes serricauda

Sichelschrecken

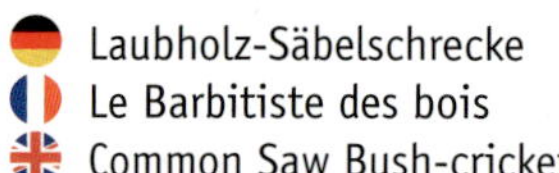
Laubholz-Säbelschrecke
Le Barbitiste des bois
Common Saw Bush-cricket

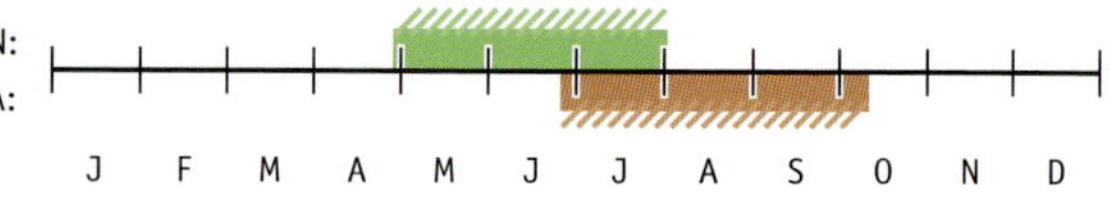

Anzahl Jugendstadien: 5

Lebensraum: Sonnige Waldränder und Hecken
Verbreitung: Ganze Schweiz, außer Tessin, Bündner Südtäler und Simplongebiet

Merkmale der Nymphen

Grundfärbung: Grün mit schwarzen Punkten.
Kopf: Gelbe Mittellinie vom Scheitel bis zum Halsschild-Hinterrand, bei N1 und N2 mit schwarzem Saum. Hinter Auge gelbes Band mit schwarzem Saum auf Oberseite, N1 bis N3 mit geringelten Fühlern.
Halsschild: *Weiße Seitenlinie nach innen geschwungen, Unterseite mit schwarzem Saum*, Halsschild ab N4 verlängert.
Hinterleib: Hinterrand der Segmente mit gelben Strichen als Teil der Mittel- und der *Seitenlinie* sowie mit größeren schwarzen Punkten, *Seitenlinie auch als helles, breites Band*.
Flügelanlagen: Entwicklungstyp 2.
Cerci: Bräunlich, an der Spitze schwarz, ab MN3 länglich, an Basis nach innen gebogen, ab MN4 *S-förmig gebogen und am Ende gleichmäßig verschmälert*.
Legeröhre: An Basis nach oben gebogen, an Spitze leicht abgerundet und ungezähnt.

Ähnliche Arten
Barbitistes obtusus: Cerci ab MN4 am Ende nicht verschmälert. Einfachste Unterscheidung aufgrund der Verbreitung. (s. S. 46)
Leptophyes laticauda: Fühler geringelt. Ohne gelbe Seitenlinie am Hinterleib. Legeröhrenende zugespitzt. Cerci in frühen Stadien mit schwarzer Spitze und dunkler Basis. MN6 mit langen, am Ende nach innen gebogenen Cerci. (s. S. 54)
Leptophyes punctatissima: Fühler geringelt. Hinterleib ohne gelbe Seitenlinie. Cerci bei frühen Nymphen mit schwarzer Basis. Cerci ab MN5 im letzten Drittel nach innen gebogen. Legeröhrenende zugespitzt. (s. S. 50)

Barbitistes serricauda: Nymphenstadium 1

Barbitistes serricauda: Nymphenstadium 2

Barbitistes serricauda: Nymphenstadium 3, Weibchen

Barbitistes serricauda: Nymphenstadium 4, Weibchen

Barbitistes serricauda: Nymphenstadium 4, Männchen

Barbitistes serricauda: Nymphenstadium 5, Männchen

Barbitistes obtusus

Sichelschrecken

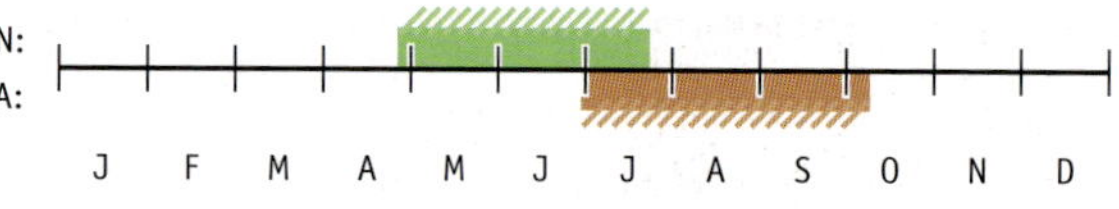

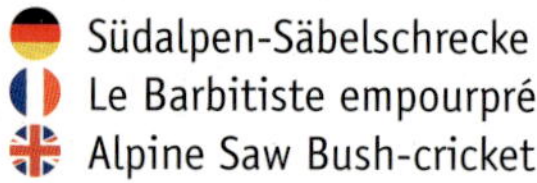
Südalpen-Säbelschrecke
Le Barbitiste empourpré
Alpine Saw Bush-cricket

Anzahl Jugendstadien: 5

Lebensraum: Büsche und krautige Pflanzen
Verbreitung: Tessin, Bündner Südtäler und Simplongebiet

Merkmale der Nymphen

Grundfärbung: Grün mit schwarzen Punkten.
Kopf: Helles Band vom Augenhinterrand bis zum Halsschild und weiter zum Hinterleib, dort nur schwach. Am Kopf über gelblichem Band schwarzer Saum. Vom Scheitel bis zum Hinterleibende gelbe Mittellinie, auf dem Kopf schwarz gesäumt (gilt für N1–N3). N1 bis N3: Fühler hell-dunkel geringelt.
Halsschild: *Weiße Seitenlinie leicht nach innen geschwungen, Unterseite mit schwarzem Saum*. Halsschild ab N3 länger.
Hinterleib: Mit gelbem Streifen auf Seite als Fortsetzung der Seitenlinie auf Halsschild, schwarze Punkte am Hinterrand der Glieder größer.
Flügelanlagen: Entwicklungstyp 2.
Cerci: Länglich und hellbraun, an der Spitze schwarz, ab N3 leicht verlängert und nach innen gebogen, *ab MN4 zum Ende hin nicht verschmälert*.
Legeröhre: Von Basis an gebogen, Ende leicht abgerundet, ohne feine Zähne an Spitze.

Ähnliche Arten

Barbitistes serricauda: Cerci ab MN4 zum Ende hin verschmälert. Einfachste Unterscheidung aufgrund der Verbreitung. (s. S. 42)
Leptophyes laticauda: Fühler geringelt. Seitenlinie am Halsschild ohne schwarzen Saum, Hinterleib ohne gelbe Seitenlinie. Legeröhrenende zugespitzt. (s. S. 54)
Leptophyes punctatissima: Fühler geringelt. Seitenlinie am Halsschild ohne schwarzen Saum, Hinterleib ohne gelbe Seitenlinie. Frühe Nymphen mit schwarzer Basis an Cerci. Cerci ab MN5 im letzten Drittel nach innen gebogen. Legeröhrenende zugespitzt. (s. S. 50)

Barbitistes obtusus: Nymphenstadium 2

Barbitistes obtusus: Nymphenstadium 3, Männchen

Barbitistes obtusus: Nymphenstadium 4, Weibchen

Barbitistes obtusus: Nymphenstadium 5, Weibchen

Barbitistes obtusus: Nymphenstadium 5, Männchen

Barbitistes obtusus: Nymphenstadium 5, Männchen

Leptophyes punctatissima

Sichelschrecken

Punktierte Zartschrecke
La Lepthophye ponctuée
Speckled Bush-cricket

N:
A:
J F M A M J J A S O N D

Anzahl Jugendstadien: 6

Lebensraum: Hecken, Waldränder, naturnahe Gärten mit Sträuchern
Verbreitung: Ganze Schweiz

Merkmale der Nymphen

Grundfärbung: Grün mit schwarzen Punkten.
Kopf: Gelb-schwarzes Band vom Augenhinterrand bis zum Halsschild, auf Kopfmitte gelbes Längsband mit schwarzer Umrandung, Fortsetzung auf Halsschild. Lange Fühler schwarz-weiß geringelt, bei älteren Stadien etwas schwächer ausgeprägt.
Halsschild: N1 mit eingesenktem Halsschild, weiße Seitenlinie bei N1 und N2 nur am Vorderrand, ab N3 auf ganzer Länge des Halsschildes, leicht nach innen gebogen.
Beine: Schienen bei N1 und N2 schwarz geringelt.
Flügelanlagen: Entwicklungstyp 2.
Cerci: *Weiß, kegelförmig, schwarze Spitze und schwarzer Ring an Basis, ab MN4 nur noch dunkler Fleck an Basis der Innenseite. MN5 mit länglichen, hellbraunen Cerci, im letzten Drittel leicht nach innen gebogen.*
Legeröhre: Von Basis an gleichmäßig gebogen, *spitz* zulaufend, bei WN6 halb so lang wie Hinterschiene.

Ähnliche Arten

Barbitistes serricauda: Halsschild bei N1 und N2 mit weißer Seitenlinie. Cerci mit schwarzer Spitze und bräunlicher Basis, gelbe Seitenlinie am Hinterleib. Legeröhrenende abgerundet. (s. S. 42)
Leptophyes laticauda: Feine, schwarze Punkte am Körper. Scheitel flach. Cerci an Spitze nur leicht geschwärzt, Basis etwas dunkler. (s. S. 54)
Phaneroptera falcata: Hinterschenkel lang und dünn. Dorsale Flügelanlagen länger, Entwicklungstyp 1. (s. S. 34)

Leptophyes punctatissima: Nymphenstadium 1

Leptophyes punctatissima: Nymphenstadium 2

Leptophyes punctatissima: Nymphenstadium 3

Leptophyes punctatissima: Nymphenstadium 5, Weibchen

Leptophyes punctatissima: Nymphenstadium 6, Weibchen

Leptophyes punctatissima: Nymphenstadium 6, Männchen

Leptophyes laticauda

Sichelschrecken

Südliche Zartschrecke
La Leptophye provençale
Long-tailed Speckled Bush-cricket

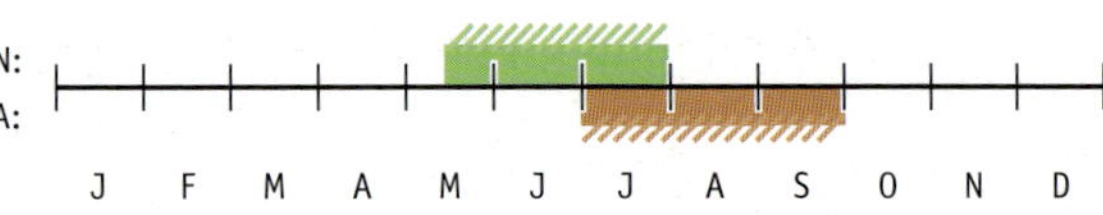

Anzahl Jugendstadien: 6

Lebensraum: Sonnige Hecken, Waldränder und Saumgesellschaften
Verbreitung: Tessin und Bündner Südtäler

Merkmale der Nymphen

Grundfärbung: Grün mit gelbem Farbton, mit *zahlreichen schwarzen Punkten, diese am Körper kleiner als an Beinen.*
Kopf: *Frühe Nymphen mit flachem Scheitel,* schwarzgelbes Band vom Auge bis zum Halsschild, auf Kopfmitte schwarz-gelb-schwarzes Band vom Kopfgipfel bis zum Halsschild-Hinterrand, *lange Fühler schwarzweiß geringelt.*
Halsschild: Ab N3 mit gelber Seitenlinie, die leicht nach innen gebogen und bis zum Brustende verlängert ist, *schwarzer Saum fehlt,* ab N3 Halsschild verlängert.
Hinterleib: Weißer Bauch ab N2.
Flügelanlagen: Entwicklungstyp 2.
Cerci: Spitze leicht schwarz, Basis etwas dunkler, bei MN6 lang und zum Ende hin nach innen gebogenen.
Legeröhre: *Sichelförmig, von Basis an gebogen, mit spitzem Ende, Länge bei WN6 entspricht 2/3 der Hinterschiene.*

Ähnliche Arten
Barbitistes obtusus: Gelber Streifen mit schwarzem Saum auf Halsschild-Seitenlappen, Hinterleib mit gelber Seitenlinie. Legeröhrenende abgerundet. Cerci ab MN4 länger und in Mitte nach innen gebogen. (s. S. 46)
Leptophyes punctatissima: *Cerci an Spitze und an Basis ausgedehnter schwarz,* Punktierung weniger fein. Legeröhre bei N6 halb so lang wie Hinterschiene. (s. S. 50)

Leptophyes laticauda: Nymphenstadium 1

Leptophyes laticauda: Nymphenstadium 2

Leptophyes laticauda: Nymphenstadium 4, Weibchen

Leptophyes laticauda: Nymphenstadium 5, Weibchen

Leptophyes laticauda: Nymphenstadium 6, Weibchen

Leptophyes laticauda: Nymphenstadium 6, Männchen

Leptophyes albovittata

Sichelschrecken

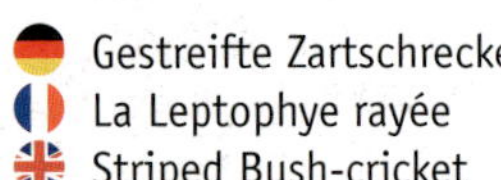

Gestreifte Zartschrecke
La Leptophye rayée
Striped Bush-cricket

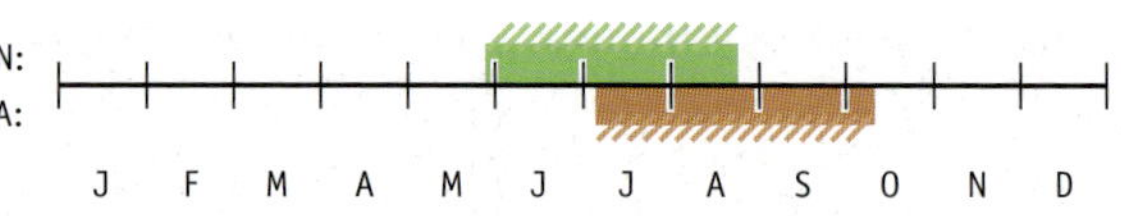

Anzahl Jugendstadien: 6

Lebensraum: Wärmebegünstigte, hochgrasige Wiesen und Hochstaudenfluren
Verbreitung: Unterengadin, Misox

Merkmale der Nymphen

Grundfärbung: Helles Grün.
Kopf: Schwarz-weißes Band vom Auge bis zum Halsschild, weiße Mittellinie vom Scheitel bis zum Hinterleibende, auf Scheitel leicht schwarz gesäumt, *Fühler hellgrün-schwarz geringelt.*
Halsschild: Helle *Seitenlinien deutlich winklig nach innen gebogen, nach Knick kurz unterbrochen. Unter- und Hinterrand der Seitenlappen weiß;* weißer Saum am unteren Rand mit zunehmendem Alter breiter, schwarze Punkte auf Vorder- und Hinterrand der Seitenlappen. Halsschild von N3 am Hinterrand leicht aufgewölbt, Halsschild ab N4 länger.
Hinterschenkel: Mit zahlreichen schwarzen Punkten.
Hinterleib: *In der Mitte mit einer und auf der Seite mit zwei Reihen weißer Flecke, diese befinden sich mit schwarzen Punkten jeweils am Hinterrand der Glieder, ab N5 wird untere Reihe zu einem ausgeprägten weißen oder gelben Band,* darüber z. T. ein schwarzes Band. *Ab N3 breites, weißes Längsband an der Rückenplatten-Unterseite vom 2. Brustglied bis zum 8. Hinterleibglied.*
Flügelanlagen: Entwicklungstyp 2.
Cerci: Spitze schwarz, Oberseite der Basis mit schwarzem Fleck.
Legeröhre: *Breit, sichelförmig, spitz endend.*

Ähnliche Art
Leptophyes punctatissima: Halsschild ab N3 mit weißer, leicht nach innen gebogener Seitenlinie, Seitenlappen-Unterrand grün. Helle Längsbänder am Hinterleib fehlen. (s. S. 50)

Leptophyes albovittata: Nymphenstadium 2, Weibchen

Leptophyes albovittata: Nymphenstadium 3

Leptophyes albovittata: Nymphenstadium 4, Weibchen

Leptophyes albovittata: Nymphenstadium 5, Weibchen

Leptophyes albovittata: Nymphenstadium 6, Weibchen

Leptophyes albovittata: Nymphenstadium 6, Männchen

Polysarcus denticauda

Sichelschrecken

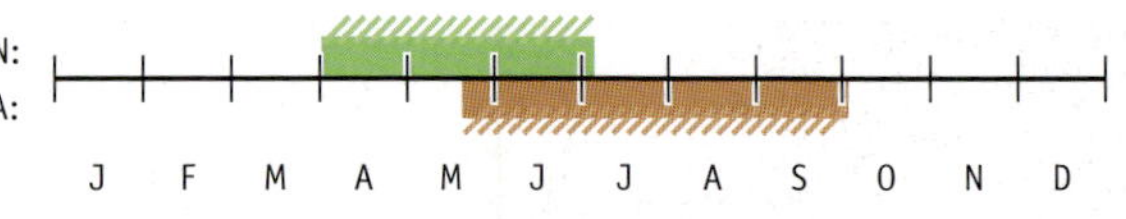

Gewöhnliche Wanstschrecke
Le Barbitiste ventru
Bull Bush-cricket

Anzahl Jugendstadien: 6 (7)

Lebensraum: Alpweiden und Bergwiesen mit lückiger Vegetation
Verbreitung: Jura, Westalpen, Schaffhausen (Randen) und Südtessin

Merkmale der Nymphen

Grundfärbung: Grün mit dunklen Punkten, ab N2 Punkte eher schwach.
Kopf: Rundlich, N1 und N2 mit weißem Feld oberhalb und hinter Auge. *Fühler schwarz-weiß geringelt.*
Halsschild: *N1 auf der Seite schwarz-gelbes Längsband*, dieses verläuft weiter bis zum Hinterleibende. Längsband kann lokal auch rosa sein. N2 noch mit mattem, gelbem Band, Halsschild ab N3 dorsal deutlich länger.
Flügelanlagen: Entwicklungstyp 2.
Cerci: *Kräftige Cerci der Männchen, ab MN4 im letzten Drittel nach innen gebogen.*
Legeröhre: Nach oben gebogen.

Polysarcus denticauda: Nymphenstadium 1

Polysarcus denticauda: Nymphenstadium 2

Polysarcus denticauda: Nymphenstadium 3, Weibchen

Polysarcus denticauda: Nymphenstadium 4, Weibchen

Polysarcus denticauda: Nymphenstadium 4, Männchen

Polysarcus denticauda: Nymphenstadium 5, Männchen

♀

Meconema thalassinum Eichenschrecken

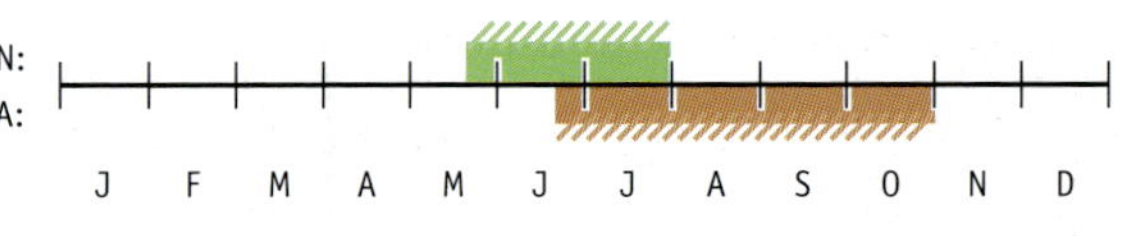

Gemeine Eichenschrecke
 Le Méconème tambourinaire
 Oak Bush-cricket

Anzahl Jugendstadien: 5

Lebensraum: Sträucher und Laubbäume an Waldrändern, in Hecken oder Gärten
Verbreitung: Ganze Schweiz

Merkmale der Nymphen

Grundfärbung: *Glasig hellgrün*, auf Hinterleibseite gelbgrün.
Kopf: Auge gelblich.
Rücken: *Mit weißer oder gelber Mittellinie vom Scheitel bis zum Hinterleibende.*
Flügelanlagen: Entwicklungstyp 1. Flügelanlagen größer als bei *M. meridionale*, Unterschiede ab N3 gut sichtbar, *dorsale Flügelanlagen länger als zwei Hinterleibglieder.*
Legeröhre: Säbelartig nach oben gebogen, bei WN5 etwas kürzer als Hinterschenkel.

Ähnliche Art
Meconema meridionale: Ab N3 mit kleineren Flügelanlagen. Dorsale Flügelanlagen kürzer als zwei Hinterleibglieder. (s. S. 70)

Meconema thalassinum: Nymphenstadium 2

Meconema thalassinum: Nymphenstadium 3, Weibchen

Meconema thalassinum: Nymphenstadium 3, Weibchen

Meconema thalassinum: Nymphenstadium 4, Männchen

Meconema thalassinum: Nymphenstadium 5, Weibchen

Meconema thalassinum: Nymphenstadium 5, Männchen

Meconema meridionale

Eichenschrecken

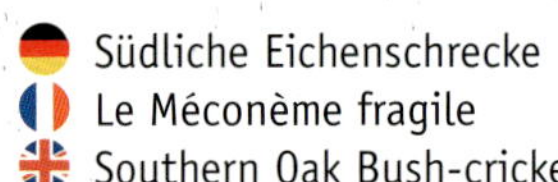

Südliche Eichenschrecke
Le Méconème fragile
Southern Oak Bush-cricket

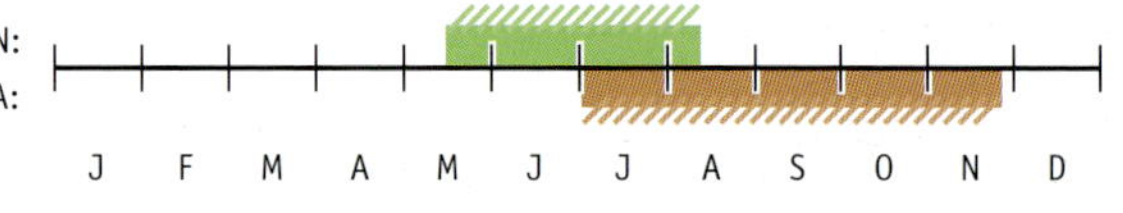

Anzahl Jugendstadien: 5

Lebensraum: Hecken und Sträucher in Gärten und Parkanlagen, Waldränder und Einzelbäume
Verbreitung: Ganze Schweiz

Merkmale der Nymphen

Grundfärbung: *Glasiges Hellgrün*, auf Hinterleibseite oft gelbgrün.
Kopf: Auge meistens weiß.
Rücken: *Weiße oder gelbe Mittellinie vom Scheitel bis zum Hinterleibende.*
Flügelanlagen: Entwicklungstyp 1. Flügelanlagen in letzten drei Stadien deutlich kleiner als bei *M. thalassinum, dorsale Flügelanlagen kürzer als zwei Hinterleibglieder.*
Legeröhre: Säbelartig nach oben gebogen, Länge bei N5 entspricht 2/3 bis 3/4 der Hinterschenkel.

Ähnliche Art
Meconema thalassinum: Mit größeren Flügelanlagen, v. a. gut sichtbar bei den letzten drei Stadien. Dorsale Flügelanlagen länger als zwei Hinterleibglieder. (s. S. 66)

Meconema meridionale: Nymphenstadium 2

Meconema meridionale: Nymphenstadium 3, Männchen

Meconema meridionale: Nymphenstadium 4, Weibchen

Meconema meridionale: Nymphenstadium 5, Weibchen

Ruspolia nitidula

Schwertschrecken

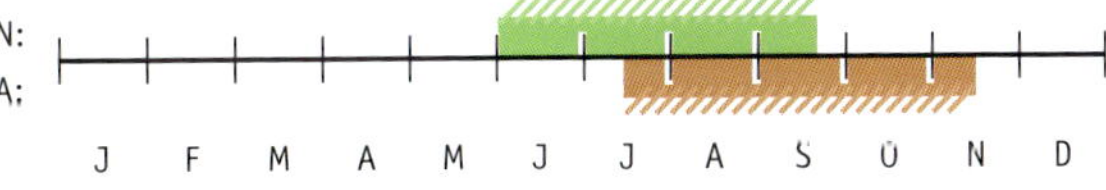

Anzahl Jugendstadien: 5–6

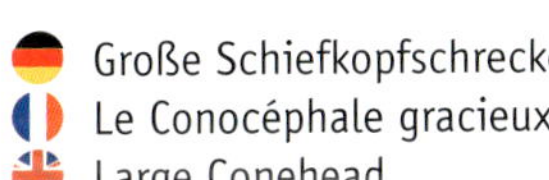

Große Schiefkopfschrecke
Le Conocéphale gracieux
Large Conehead

Lebensraum: Feuchtgebiete, trockene Lebensräume mit hoher Vegetation
Verbreitung: Tessin, Wallis, Mittelland und nördlicher Jura; stark in Ausbreitung begriffen

Merkmale der Nymphen

Grundfärbung: *Glasig grün* oder braun.
Kopf: *Keilförmig, beidseits des Kopfes und auf dem Scheitel weiße Längslinien, die sich bis zum Hinterleibende fortsetzen, Auge weiß.*
Halsschild: Weiße Seitenlinie, bei älteren Nymphen mit rotem Saum auf oberer Seite.
Hinterleib: Weiße Seitenlinie, bei älteren Individuen etwas schwächer.
Flügelanlagen: Entwicklungstyp 1.
Legeröhre: Gerade oder leicht nach unten gebogen, im letzten Stadium etwas kürzer als Körperlänge.

Ähnliche Arten
Conocephalus dorsalis: Mit breitem, schwarzem Längsband auf Rücken. Legeröhre nach oben gebogen. (s. S. 80)
Conocephalus fuscus: Mit breitem, schwarzem Längsband auf Rücken. Legeröhre gerade. (s. S. 76)

Ruspolia nitidula: Nymphenstadium 2, Weibchen

Ruspolia nitidula: Nymphenstadium 3, Weibchen

Ruspolia nitidula: letztes Nymphenstadium, Weibchen

Ruspolia nitidula: letztes Nymphenstadium, Männchen

♀

Conocephalus fuscus

Schwertschrecken

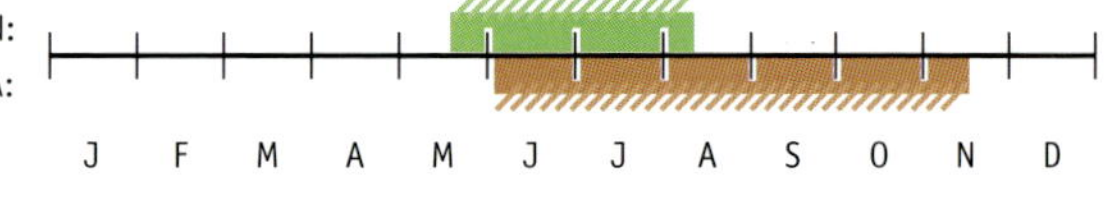

Langflügelige Schwertschrecke
Le Conocéphale bigarré
Long-winged Conehead

Anzahl Jugendstadien: 6

Lebensraum: Feuchtgebiete mit hoher Vegetation, aber auch Ruderalflächen und hochgrasige Trockenwiesen
Verbreitung: Ganze Schweiz, außer Alpen

Merkmale der Nymphen

Grundfärbung: Grün, Rücken schwarz.
Kopf: Keilförmig, schwarze Fühler mit bis zu dreifacher Körperlänge.
Halsschild: N1 und N2 mit gebogener, schwarzer Linie am unteren Rand der Seitenlappen. Ähnlich geschwungene, etwas dickere Linien auf den beiden Flügelanlagen. Halsschild ab N5 deutlich länger.
Hinterschenkel: Grün mit feinen, dunklen Punkten, mit zwei dunklen Längsstrichen, Hinterknie braunrot.
Rücken: *Breites, schwarzes Längsband vom Scheitel bis zum Hinterleibende*, dieses wird hell gesäumt.
Flügelanlagen: Entwicklungstyp 1. *Flügelanlagen erreichen bei N6 das Ende des 3. Hinterleibgliedes.*
Cerci: *MN5 und MN6 mit kleinem, spitzem Innenzahn am Ende.*
Legeröhre: *Gerade, bei WN6 etwas länger als Hinterschiene.*

Ähnliche Arten
Conocephalus dorsalis: WN5 und WN6 mit gebogener Legeröhre. Cerci bei MN6 mit abgerundetem Innenzahn. Flügelanlagen erreichen bei N6 das Ende des 2. Hinterleibgliedes. (s. S. 80)
Ruspolia nitidula: Glasig grün, mit weißer Längslinie auf Körperseite vom Kopf bis zum Hinterleibende, ohne schwarzes Längsband auf Rücken. (s. S. 73)

Conocephalus fuscus: Nymphenstadium 1

Conocephalus fuscus: Nymphenstadium 2, Weibchen

Conocephalus fuscus: Nymphenstadium 3

Conocephalus fuscus: Nymphenstadium 4, Weibchen

Conocephalus fuscus: Nymphenstadium 5, Weibchen

Conocephalus fuscus: Nymphenstadium 6, Weibchen

Conocephalus dorsalis

Schwertschrecken

Kurzflügelige Schwertschrecke
Le Conocéphale des Roseaux
Short-winged Conehead

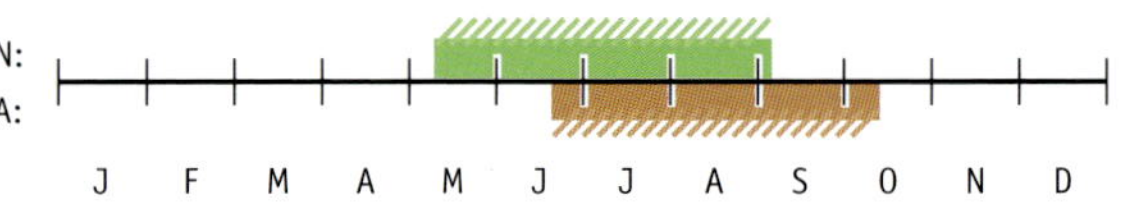

Anzahl Jugendstadien: 6

Lebensraum: Hochwüchsige Feuchtwiesen
Verbreitung: Selten; Neuenburger- und Bielersee, Jura, Kanton Zürich

Merkmale der Nymphen

Grundfärbung: Grün, Rücken schwarz.
Kopf: Keilförmig, schwarze Fühler mit bis zu dreifacher Körperlänge.
Halsschild: N1 und N2 mit geschwungenen, schwarzen Linien am unteren Rand der Seitenlappen und der Flügelanlagen.
Hinterschenkel: Grün mit feinen, dunklen Punkten, Hinterknie braunrot.
Rücken: *Breites, schwarzes Band vom Scheitel bis zum Hinterleibende*, das dunkle Band ist hell (gelb) gesäumt.
Flügelanlagen: Entwicklungstyp 1. *Flügelanlagen erreichen bei N6 das Ende des 2. Hinterleibgliedes* (Ausnahme: langflügelige Individuen).
Cerci: *MN6 mit großem, verrundetem Innenzahn am Ende.*
Legeröhre: Schwarz, *bei WN5 leicht und bei WN6 deutlich nach oben gebogen, bei WN6 ungefähr so lang wie Hinterschiene.*

Ähnliche Art
Conocephalus fuscus: Ältere weibliche Nymphen mit gerader Legeröhre. Cerci bei MN5 und MN6 mit kleinem, spitzem Innenzahn am Ende. Flügelanlagen erreichen bei N6 das Ende des 3. Hinterleibgliedes. Jüngere Nymphen im Feld kaum unterscheidbar. (s. S. 76)

Conocephalus dorsalis: Nymphenstadium 2

Conocephalus dorsalis: Nymphenstadium 5, Weibchen

Conocephalus dorsalis: Nymphenstadium 6, Weibchen

Tettigonia viridissima

Heupferde

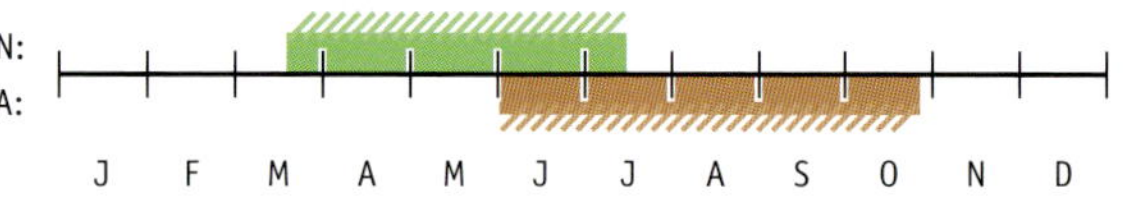

Grünes Heupferd
La Grande Sauterelle verte
Great Green Bush-cricket

Anzahl Jugendstadien: 7

Lebensraum: Magerrasen, Waldränder und Hecken, Parkanlagen und Gärten
Verbreitung: Ganze Schweiz

Merkmale der Nymphen

Grundfärbung: Grün, ältere Stadien mit braunem Rücken.
Halsschild: Mit schwarzen Punkten, ab N3 dorsal verlängert.
Hinterschenkel: Auf Außen- und Innenseite senkrecht gestricheltes Band auf 2/3 der Länge, restliche Fläche schwarz gepunktet.
Rücken: Helles Längsband vom Scheitel bis zur Hinterleibspitze, mit leicht rötlichem Saum.
Flügelanlagen: Entwicklungstyp 1. *Dorsale Flügelanlagen am unteren Rand gerade.*
Legeröhre*:* Leicht nach unten gebogen oder gerade, bei WN7 mindestens so lang wie Hinterschenkel.

Ähnliche Arten
Tettigonia cantans: Frühe Stadien schwer zu unterscheiden. WN1 und WN2 mit längeren Legeröhrenklappen (Valven) (Abb. 10, S. 21). Bei WN4 Legeröhre gleich lang wie bei *T. viridisssima* im WN3. Letzte beiden Stadien dorsale Flügelanlagen kürzer und am unteren Rand gebogen. (s. S. 88)
Tettigonia caudata: Rücken grün, ohne Brauntöne. Auge grau. Ab N5 schwarze Dornen auf knienaher Hinterschenkel-Unterseite. (s. S. 92)

Tettigonia viridissima: Nymphenstadium 1, Weibchen

Tettigonia viridissima: Nymphenstadium 2

Tettigonia viridissima: Nymphenstadium 4, Weibchen

Tettigonia viridissima: Nymphenstadium 5, Weibchen

Tettigonia viridissima: Nymphenstadium 6, Weibchen

Tettigonia viridissima: Nymphenstadium 7, Weibchen

Tettigonia cantans

Heupferde

N:
A:

J F M A M J J A S O N D

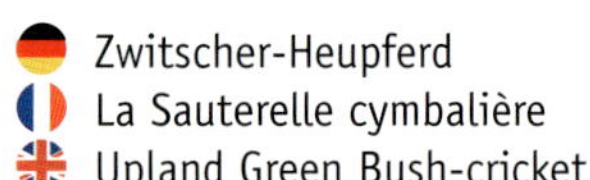

Zwitscher-Heupferd
La Sauterelle cymbalière
Upland Green Bush-cricket

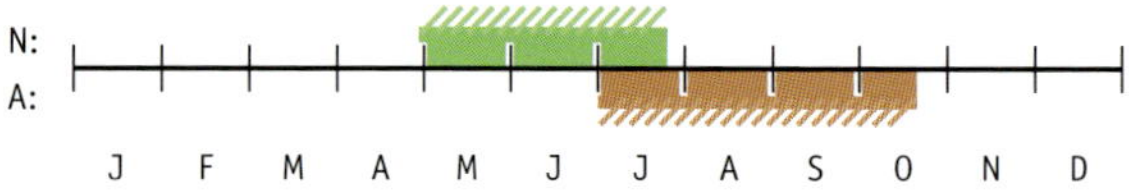

Anzahl Jugendstadien: 6

Lebensraum: Feuchte Saumgesellschaften und Wiesen, Ruderalstandorte
Verbreitung: Jura, Mittelland und Voralpen

Merkmale der Nymphen

Grundfärbung: Grün.
Halsschild: Mit schwarzen Punkten, ab N3 verlängert.
Hinterschenkel: Auf Außen- und Innenseite senkrecht gestricheltes Band auf 2/3 der Länge, restliche Fläche schwarz gepunktet.
Rücken: Helles Längsband in der Körpermitte vom Scheitel bis zur Hinterleibspitze.
Flügelanlagen: Entwicklungstyp 1. Über bauchwärts gerichteter Flügelanlage oft schwarze Flecke, *dorsale Flügelanlagen am unteren Rand gerundet.*
Legeröhre: Leicht nach oben gebogen, bei WN6 meistens etwas länger als Hinterschenkel.

Ähnliche Arten
***Tettigonia caudata*:** Auge grau. Hinterschenkel ab N5 auf knienaher Unterseite mit schwarzen Dornen. Dorsale Flügelanlagen am unteren Rand gerade. (s. S. 92)
***Tettigonia viridissima*:** Frühe Stadien schwer zu unterscheiden. Am einfachsten lassen sich die Weibchen anhand der kürzeren Legeröhrenklappen bestimmen (Abb. 10, S. 21). Bei WN4 Legeröhre gleich lang wie bei *T. cantans* im WN3. In den letzten beiden Stadien sind die dorsalen Flügelanlagen länger und am unteren Rand gerade. (s. S. 84)

Tettigonia cantans: Nymphenstadium 1

Tettigonia cantans: Nymphenstadium 2, Weibchen

Tettigonia cantans: Nymphenstadium 3, Weibchen

Tettigonia cantans: Nymphenstadium 4, Männchen

Tettigonia cantans: Nymphenstadium 5, Männchen

Tettigonia cantans: Nymphenstadium 6, Weibchen

Tettigonia caudata

Heupferde

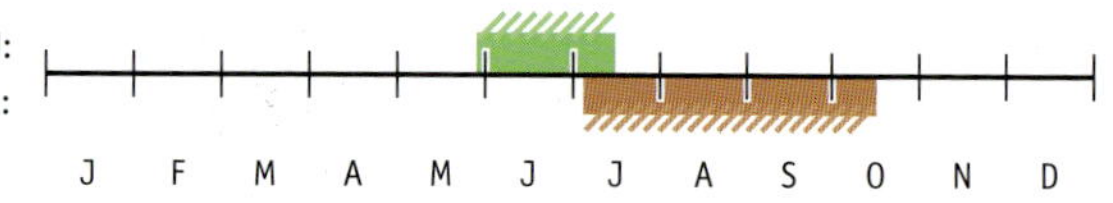

Anzahl Jugendstadien: 7

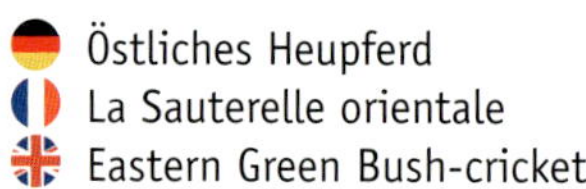

Östliches Heupferd
La Sauterelle orientale
Eastern Green Bush-cricket

Lebensraum: Trockenwarme Lebensräume mit hoher Vegetation, Getreidefelder und Brachen, Hecken
Verbreitung: Unterengadin

Merkmale der Nymphen

Grundfärbung: *Einheitlich grün, ohne Brauntöne.*
Kopf: *N7 mit grauen Augen,* ab N4 Graufärbung in unterer Augenhälfte.
Halsschild: Mit schwarzen Punkten.
Hinterschenkel: Auf Außen- und Innenseite senkrecht gestricheltes Band auf 2/3 der Länge, restliche Fläche schwarz gepunktet. Ab N5 *schwarze Dornen auf der knienahen Unterseite*.
Rücken: Helles Längsband in der Mitte vom Scheitel bis zum Hinterleibende.
Flügelanlagen: Entwicklungstyp 1. Dorsale Flügelanlagen am unteren Rand gerade (ähnlich *T. viridissima*).
Cerci: Bei MN7 kräftig, mit verdickter Basis.
Legeröhre: Gerade.

Ähnliche Arten

Tettigonia cantans: Ältere Stadien mit braunem Rücken. Dorsale Flügelanlagen am unteren Rand gebogen. Ohne schwarze Dornen auf Hinterschenkel-Unterseite. (s. S. 88)
Tettigonia viridissima: Mit braunem Rücken. Legeröhre kürzer als bei gleichaltrigen *T. caudata*. Ohne schwarze Dornen auf Hinterschenkel-Unterseite. (s. S. 84)

Tettigonia caudata: Nymphenstadium 4, Männchen

Tettigonia caudata: Nymphenstadium 4, Weibchen

Tettigonia caudata: Nymphenstadium 5, Weibchen

Tettigonia caudata: Nymphenstadium 6, Männchen

Tettigonia caudata: Nymphenstadium 7, Männchen

Decticus verrucivorus

Beißschrecken

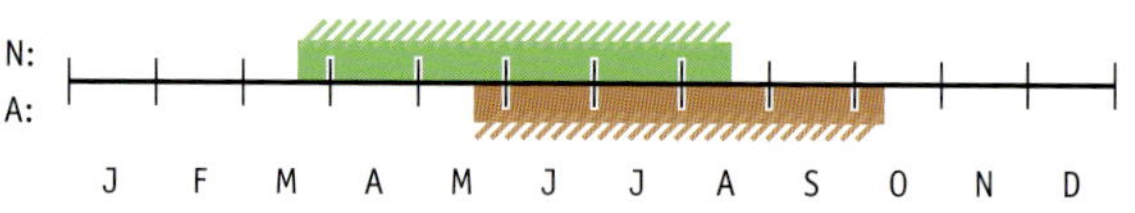

Anzahl Jugendstadien: 7

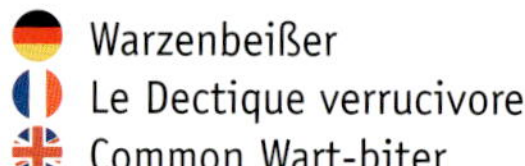

Warzenbeißer
Le Dectique verrucivore
Common Wart-biter

Lebensraum: Im Tiefland gut besonnte Trockenwiesen und -weiden, in den Bergen strukturreiche Wiesen

Verbreitung: Ganze Schweiz

Merkmale der Nymphen

Grundfärbung: V. a. grün, seltener graubraun, Körperseite schwarz oder braungrau, ab N2 mit Rottönen, Zeichnung sehr variabel.

Körper: Gedrungen und kräftig.

Kopf: Auge im oberen Drittel heller, N1 unter Auge dunkelbraun oder schwarz, ab N2 Kopf einheitlicher gefärbt.

Halsschild: Seitenlappen bei N1 und bei N2 oft mit dunklem Zentrum, graubraune oder schwarze Individuen am Seitenlappen-Hinterrand mit hellem Feld, mit ausgeprägtem Mittelkiel, Halsschild ab N3 verlängert.

Hinterschenkel: Außenseite mit breitem, schwarzem Längsband, dieses bei N4 z. T. in dunkle Querbänderung aufgelöst, knienaher Teil des Hinterschenkels braun.

Hinterleib: Hinterrand der Glieder heller mit kurzen, schwarzen Strichen.

Flügelanlagen: Entwicklungstyp 1. N1–N3: *Flügelanlagen am unteren Ende schwarz, darüber gelbes Band*. Ab N4 Flügelanlagen teilweise grün.

Legeröhre: Leicht nach oben gebogen, Länge bei N7 etwa 4/5 der Hinterschiene.

Decticus verrucivorus: Nymphenstadium 1

Decticus verrucivorus: Nymphenstadium 2

Decticus verrucivorus: Nymphenstadium 3, Weibchen

Decticus verrucivorus: Nymphenstadium 4, Weibchen

Decticus verrucivorus: Nymphenstadium 6, Weibchen

Decticus verrucivorus: Nymphenstadium 7, Weibchen

Decticus albifrons

Beißschrecken

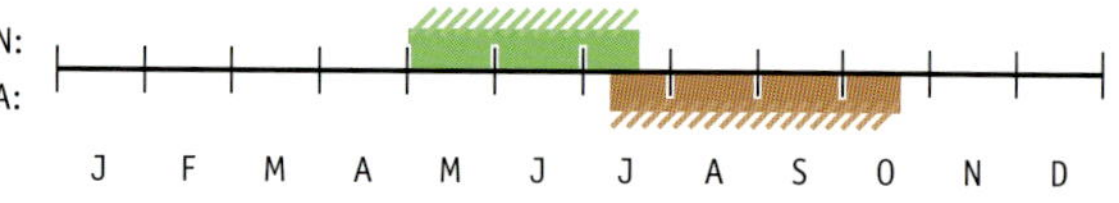

Anzahl Jugendstadien: 7

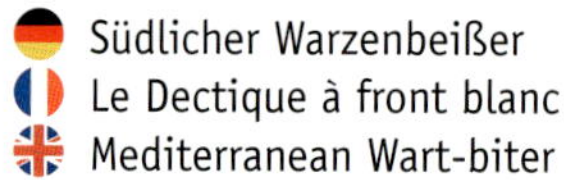

Südlicher Warzenbeißer
Le Dectique à front blanc
Mediterranean Wart-biter

Lebensraum: Öd- und Buschland
Verbreitung: Südtessin

Merkmale der Nymphen

Grundfärbung: Schwarzbraun, z. T. rotbraun, Körperseite und später auch Rücken schwarz.
Halsschild: Dunkelbraun, ab N3 nach hinten verlängert.
Hinterschenkel: Schwarz mit dunkelbraunem Ring vor Hinterknie, *Unterseite in körpernaher Hälfte grün*, in den beiden letzten Stadien weiß. Oberseite bei N1 hell quergebändert. Ab N4 schwarz, auf der Oberseite dunkelbraun bis zum Hinterknie.
Hinterleib: N1 auf Seite schwarz, auf Rücken dunkelbraun, Bauch grün. Ab N4 auf Seite und auf Rücken schwarz und mit breitem, hellem Band auf der Seite vom 2. Brustglied bis zum Hinterleibende. Ab N5 Hinterleib leicht grün aufgehellt.
Flügelanlagen: Entwicklungstyp 1. Flügel schwarz.
Legeröhre: Gerade oder leicht nach oben gebogen, Länge bei N7 entspricht 4/5 der Hinterschenkel.

Decticus albifrons: Nymphenstadium 1

Decticus albifrons: Nymphenstadium 2

Decticus albifrons: Nymphenstadium 3, Männchen

Decticus albifrons: Nymphenstadium 4, Männchen

Decticus albifrons: Nymphenstadium 6, Weibchen

Decticus albifrons: Nymphenstadium 7, Weibchen

Platycleis albopunctata

Beißschrecken

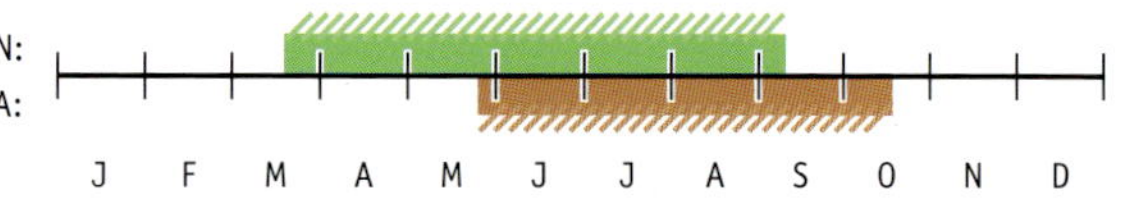

Anzahl Jugendstadien: 7

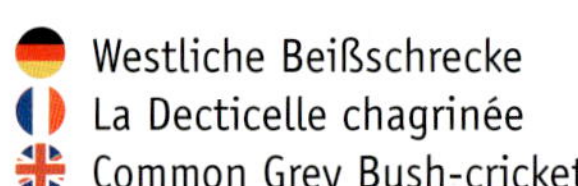

Westliche Beißschrecke
La Decticelle chagrinée
Common Grey Bush-cricket

Lebensraum: Lückige Trockenrasen mit steinigem Untergrund, Felsensteppen, Steinbrüche
Verbreitung: Alpennordseite

Merkmale der Nymphen

Grundfärbung: *N1 braunschwarz mit beigem Rücken*, Rücken ab und zu rötlich, Körperseite ab N2 vermehrt grün, einige bleiben braun.
Halsschild: N1: *weiße Binde am unteren und hinteren Rand der Seitenlappen*. Weiße Binde wird z. T. grün und *auf hinteren Rand verlagert. Braune Individuen mit schwarzem Seitenlappen weiterhin mit weißer Binde am unteren und hinteren Rand. Schwarzer Fleck am oberen Ende des Seitenlappens wird mit zunehmendem Alter kleiner.* Halsschild ab N3 verlängert.
Hinterschenkel: Hellbraun, Außen- und Innenseite mit *schwarzer Bänderung*, Oberseite mit dunklen Punkten. Ab N2 zuerst auf Unterseite, dann im zentralen Teil grün.
Beine: Mit zahlreichen kleinen, dunklen Punkten.
Rücken: Schwarze Doppellinie vom Scheitel bis zum Hinterleibende.
Flügelanlagen: Entwicklungstyp 1. Dorsale Flügelanlagen spitz endend, bei N7 so lang wie Halsschild.
Legeröhre: Säbelartig nach oben gebogen, Länge bei WN7 etwa 3/5 der Hinterschenkel.

Ähnliche Arten

Platycleis grisea: Sehr ähnlich. Einfachste Unterscheidung aufgrund der Verbreitung. (s. S. 108)
Roeseliana roeselii: Frühe Jugendstadien mit markanten schwarzen Punkten auf Beinen. Halsschild mit hellem Band an Seitenlappen-Unterrand, ohne schwarzen Fleck an oberem Seitenlappen-Hinterende. Ältere Nymphen mit kürzeren dorsalen Flügelanlagen, bei N7 deutlich kürzer als Halsschild. Legeröhre kürzer. (s. S. 112)

Platycleis albopunctata: Nymphenstadium 1

Platycleis albopunctata: Nymphenstadium 2

Platycleis albopunctata: Nymphenstadium 3

Platycleis albopunctata: Nymphenstadium 4, Weibchen

Platycleis albopunctata: Nymphenstadium 6, Weibchen

Platycleis albopunctata: Nymphenstadium 7, Weibchen

Platycleis grisea

Beißschrecken

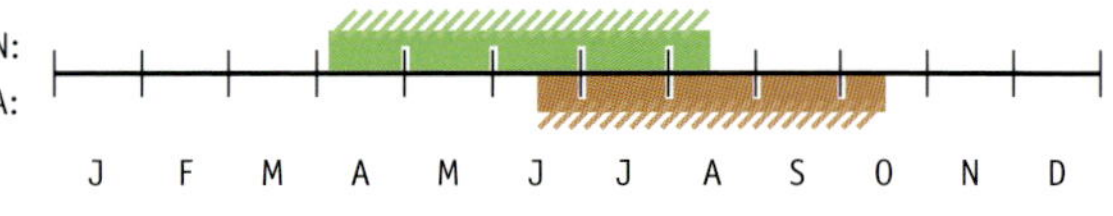

Anzahl Jugendstadien: 7

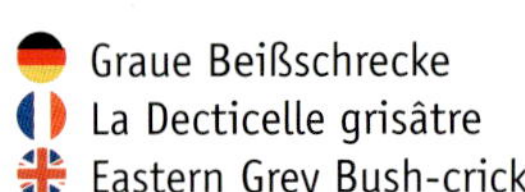

Graue Beißschrecke
La Decticelle grisâtre
Eastern Grey Bush-cricket

Lebensraum: Lückige Trockenrasen mit steinigem Untergrund, Steinbrüche
Verbreitung: Alpensüdseite und Unterengadin

Merkmale der Nymphen

Grundfärbung: *N1 schwarzbraun mit hellbraunem*, manchmal auch rotem Rücken. Körperseite ab N2 heller, ab N3 vermehrt grün.
Halsschild: *Unter- und Hinterrand der Seitenlappen mit hellem Band, weißes Band wird im Entwicklungsverlauf z. T. grün und immer mehr auf Hinterrand verlagert*. Dunkler Fleck am oberen Ende der Seitenlappen wird mit zunehmendem Alter kleiner. Halsschild ab N3 verlängert.
Hinterschenkel: Hellbraun, *auf Außen- und Innenseite mit dunkler Querbänderung*, Oberseite mit schwarzen Punkten, ab N2 zunehmend grün.
Rücken: Schwarze Doppellinie vom Scheitel bis zum Hinterleibende, Seite mit weiß-schwarzem Band vom 2. Brustglied bis zum Hinterleibende.

Flügelanlagen: Entwicklungstyp 1.
Legeröhre: Säbelartig nach oben gebogen, Länge bei WN7 entspricht 2/3 der Hinterschiene.

Ähnliche Art
Platycleis albopunctata: Sehr ähnlich. Einfachste Unterscheidung aufgrund der Verbreitung. (s. S. 104)

Platycleis grisea: Nymphenstadium 1

Platycleis grisea: Nymphenstadium 2

Platycleis grisea: Nymphenstadium 3

Platycleis grisea: Nymphenstadium 5, Männchen

Platycleis grisea: Nymphenstadium 6, Männchen

Platycleis grisea: Nymphenstadium 7, Weibchen

♀

Roeseliana roeselii

Beißschrecken

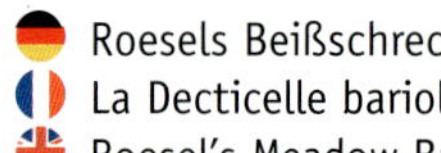

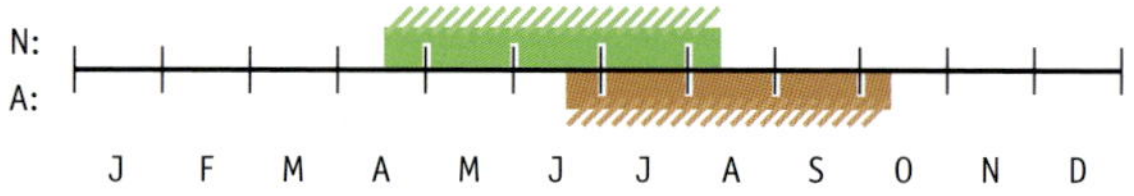

Roesels Beißschrecke
La Decticelle bariolée
Roesel's Meadow Bush-cricket

N:
A:

J F M A M J J A S O N D

Anzahl Jugendstadien: 7

Lebensraum: Hochgrasige, oft etwas feuchte Wiesen und Weiden
Verbreitung: Ganze Schweiz, außer Tessin

Merkmale der Nymphen

Grundfärbung: N1 mit dunkelbrauner Körperseite und hellbraunem Rücken, ab N3 auf Körperseite vermehrt grün, *oberer Rand der Körperseite bleibt dunkelbraun bis schwarz.*
Halsschild: N1: *Seitenlappen am unteren Rand mit weißem oder hellgrünem Band,* darüber dunkelbraun oder dunkelgrün. Ab N3 Halsschildseite hellgrüner, *helles Band am hinteren Rand hochgezogen.*
Hinterschenkel: Außenseite auf ca. 2/3 der Länge mit dunklem Längsband, ab N6 Auflösung *in dunkle Querbänderung,* Hinterknie rotbraun, später hellbraun.
Beine: *Markante dunkle Punkte auf allen Beinen.*
Rücken: Hellbraun mit dunkler Doppellinie in der Mitte vom Scheitel bis zum Hinterleibende. Weißes Band von der Augenoberseite bis zum Hinterleibende trennt dunkle Seite vom hellen Rücken.
Flügelanlagen: Entwicklungstyp 1. *Bauchwärts gerichtete Flügelanlagen mit weißer Spitze und schwarzer Binde.*
Legeröhre: Säbelartig nach oben gebogen, Länge bei WN7 entspricht etwa 2/3 der Hinterschiene.

Ähnliche Arten

Platycleis albopunctata: Helles Band am Unter- und Hinterrand der Halsschild-Seitenlappen, später vermehrt am Hinterrand. Schwarzer Fleck am oberen Hinterrand der grünen Seitenlappen. Dorsale Flügelanlagen länger, bei N7 so lang wie Halsschild. (s. S. 104)
Roeseliana azami: Hinterschenkel-Außenseite ab N2 mit Querbänderung. Einfachste Unterscheidung aufgrund der Verbreitung. (s. S. 116)

Roeseliana roeselii: Nymphenstadium 1

Roeseliana roeselii: Nymphenstadium 2

Roeseliana roeselii: Nymphenstadium 4, Weibchen

Roeseliana roeselii: Nymphenstadium 5, Weibchen

Roeseliana roeselii: Nymphenstadium 6, Männchen

Roeseliana roeselii: Nymphenstadium 7, Weibchen

Roeseliana azami

Beißschrecken

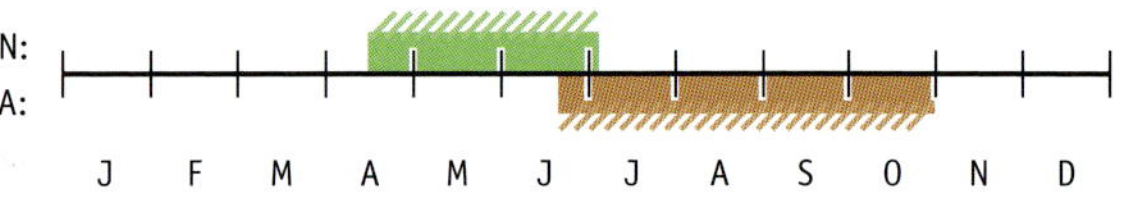

Bachufer-Beißschrecke
La Decticelle des ruisseaux
French Meadow Bush-cricket

Anzahl Jugendstadien: 7

Lebensraum: Hochgrasige, feuchte Wiesen, in höheren Lagen auch trockene Wiesen
Verbreitung: Tessin

Merkmale der Nymphen

Grundfärbung: Dunkelbraun, auf dem Rücken hellbraun, ab N4 auf Körperseite vermehrt mit Grüntönen, *Oberseite bleibt dunkel*.
Halsschild: Seitenlappen mit *breitem, hellem Band am unteren Rand*, ab N3/N4 dehnt sich helles Band am Hinterrand aus, ab N6 säumt helles Band mit grünem Rand den ganzen Seitenlappen, Halsschild ab N3 länger.
Hinterschenkel: *Außenseite mit dunkler Querbänderung bereits ab N2 sichtbar, Rest hellbraun, ab N4 grün.*
Beine: *Mit zahlreichen schwarzen Punkten, bei älteren Stadien nur schwach ausgebildet.*
Rücken: Schwarze Doppellinie in der Mitte vom Scheitel bis zum Hinterleibende, weißes Band von der Augenoberseite bis zum Hinterleibende trennt dunkle Seite von hellem Rücken.
Flügelanlagen: Entwicklungstyp 1. *Bauchwärts gerichtete Flügelanlagen mit weißer Spitze und schwarzer Binde.*
Legeröhre: Von der Basis an gebogen, Länge bei WN7 entspricht etwa 2/3 der Hinterschiene.

Ähnliche Arten

Bicolorana bicolor: N1 mit dunkelgrüner Körperseite. Flügelanlagen mit weißem Saum, dann dunkelgrün. (s. S. 120)
Platycleis grisea: Helles Band an Halsschild-Seitenlappen am unteren und hinteren Rand, später v. a. am Hinterrand. Dorsale Flügelanlagen und Legeröhre länger. (s. S. 108)
Roeseliana roeselii: Hinterschenkel-Außenseite bis N5 mit dunklem Längsband. Unterscheidung aufgrund der Verbreitung. (s. S. 112)

Roeseliana azami: Nymphenstadium 2

Roeseliana azami: Nymphenstadium 3

Roeseliana azami: Nymphenstadium 4, Männchen

Roeseliana azami: Nymphenstadium 5, Weibchen

Roeseliana azami: Nymphenstadium 6, Männchen

Roeseliana azami: Nymphenstadium 7, Männchen

Bicolorana bicolor

Beißschrecken

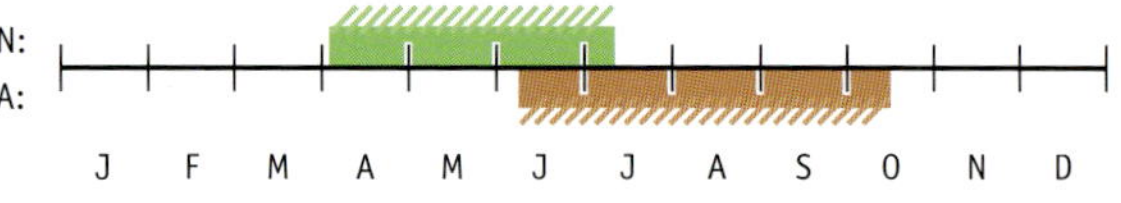

Zweifarbige Beißschrecke
La Decticelle bicolore
Bicolour Meadow Bush-cricket

Anzahl Jugendstadien: 7

Lebensraum: Hochgrasige Trockenwiesen und -weiden
Verbreitung: Jura von Schaffhausen bis Genf, Tessin und Bündner Rheintal

Merkmale der Nymphen

Grundfärbung: *Körperseite grün, Rücken hellbraun.*
Halsschild: N1: Halsschild-Seitenlappen im unteren Drittel oft hellgrün, darüber dunkelgrün, ab N2 Seitenlappen einfarbig grün, weiße Seitenlinie bildet Grenze zum hellbraunen Rücken, Halsschild ab N3 länger.
Hinterschenkel: Zu zwei Dritteln grün mit dunklem Längsband, das z. T. senkrecht gebändert ist, letztes Drittel rotbraun. Oberseite mit zahlreichen dunklen Punkten.
Beine: N1: alle Beine haben verstreut dunkle Punkte, Schienen hellbraun.
Rücken: Braune Doppellinie vom hellbraunen Scheitel bis zum Hinterleibende.

Flügelanlagen: Entwicklungstyp 1.
Legeröhre: An Basis gebogen, bei N7 knapp halb so lang wie Hinterschiene.

Ähnliche Art
Roeseliana roeselii: Verwechslungsmöglichkeiten bei frühen Stadien. N1: Flügelanlagen an Spitze weiß mit dunklem Querband; Körperseite dunkelbraun. (s. S. 112)

Bicolorana bicolor: Nymphenstadium 1

Bicolorana bicolor: Nymphenstadium 2

Bicolorana bicolor: Nymphenstadium 3

Bicolorana bicolor: Nymphenstadium 5, Weibchen

Bicolorana bicolor: Nymphenstadium 6, Weibchen

Bicolorana bicolor: Nymphenstadium 7, Weibchen

Metrioptera brachyptera

Beißschrecken

Kurzflügelige Beißschrecke
La Decticelle des bruyères
Bog Meadow Bush-cricket

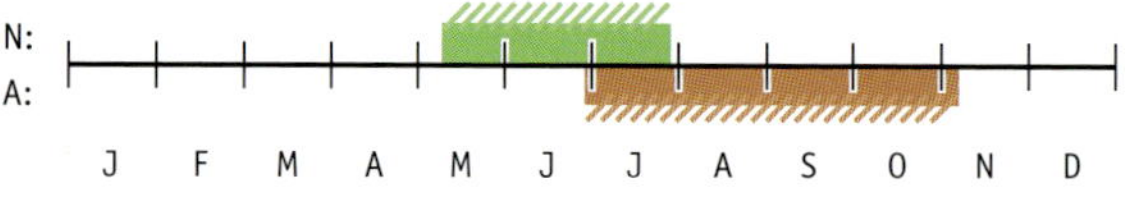

Anzahl Jugendstadien: 6

Lebensraum: Feuchte Wiesen und Weiden mit mittlerer Vegetationshöhe, v. a. in höheren Lagen auch trockene Lebensräume
Verbreitung: Jura, Voralpen und Alpen, fehlt im Tessin

Merkmale der Nymphen

Grundfärbung: Braunschwarz, Rücken hellbraun.
Kopf: Über Auge schwarz, helle Linie beginnt über Auge und setzt sich seitlich bis zum Hinterleibende fort.
Halsschild: Schwarzbraune Seitenlappen *mit weißem Band am hinteren Rand.*
Hinterschenkel: Außenseite schwarz, im letzten Viertel von braunem oder rotbraunem Band unterbrochen, Oberseite braun oder rotbraun, *ab N2 auf Unterseite grün*.
Rücken: Hellbraun mit schwarzer Doppellinie von der Stirn bis zum Hinterleibende.
Flügelanlagen: Entwicklungstyp 1. Dorsale Flügelanlagen klein, verjüngen sich stark zur Spitze hin.
Legeröhre: Nach oben gebogen, 4/5 der Hinterschenkel-Länge bei WN6.

Ähnliche Art
Metrioptera saussuriana: Schwarzes Band über Auge sehr ausgeprägt. Mit schwarzen Hinterschenkeln und markantem, hellbraunem Ring vor Hinterknie. Schwarze Schenkel später hellbraun mit schwarzem Längsband. Schwarze Doppellinie auf dem Rücken kräftig, v. a. im Bereich des Hinterleibes. (s. S. 128)

Metrioptera brachyptera: Nymphenstadium 1

Metrioptera brachyptera: Nymphenstadium 2, Weibchen

Metrioptera brachyptera: Nymphenstadium 3

Metrioptera brachyptera: Nymphenstadium 4, Männchen

Metrioptera brachyptera: Nymphenstadium 5, Weibchen

Metrioptera brachyptera: Nymphenstadium 6, Weibchen

Metrioptera saussuriana

Beißschrecken

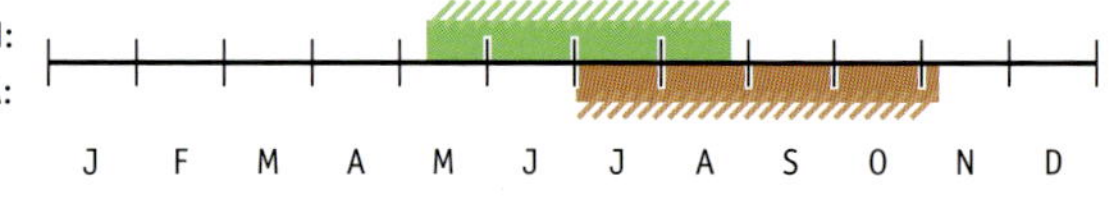

- Gebirgs-Beißschrecke
- La Decticelle des alpages
- Purple Meadow Bush-cricket

Anzahl Jugendstadien: 7

Lebensraum: Feuchte bis leicht trockene Wiesen, dichte Krautschicht mit Felsen und offenen Bodenstellen

Verbreitung: Westalpen, Berner Oberland, Churfirsten, Südjura und Tessin

Merkmale der Nymphen

Grundfärbung: Braunschwarz, Rücken braun.

Kopf: *Schwarzes Band über den Augen,* weiße Linie von Augenmitte über Halsschildseite bis zu Hinterleibende, Wange braun oder schwarzbraun.

Halsschild: Seitenlappen schwarz *mit weißem Band am hinteren Rand*.

Hinterschenkel: Schwarz mit *rotbraunem Ring im dritten Viertel*, rotbraune Oberseite im Verlauf der Entwicklung ausgeprägter. Schwarzes Längsband ab N4 schmaler und kürzer. Bei N7 schwarzes Längsband sehr schmal oder fehlend, Schenkel dann rotbraun.

Rücken: Braun mit schwarzem Doppelband von der Stirn bis zum Hinterleibende, auf Hinterleib schwarze Linie am Anfang des Segmentes breiter als am Ende.

Flügelanlagen: Entwicklungstyp 1.

Legeröhre: Gleichmäßig nach oben gebogen, Länge bei WN7 entspricht 4/5 der Hinterschenkel.

Ähnliche Arten

Metrioptera brachyptera: Ab N2 mit grüner Hinterschenkel-Unterseite. (s. S. 124)

Pholidoptera aptera: Hinterschenkel-Unterseite weiß, weiße Binde am Hinterrand der Halsschild-Seitenlappen. Entwicklungstyp 2. (s. S. 136)

Pholidoptera griseoaptera: Halsschild-Seitenlappen ohne breiten, hellen Saum. Wange ab N3 braun marmoriert. Entwicklungstyp 2. (s. S. 132)

Roeseliana roeselii: Halsschild ab N2 mit Grüntönen. Zahlreiche dunkle Punkte auf Beinen. Hinterschenkel mit Querbänderung. (s. S. 112)

Metrioptera saussuriana: Nymphenstadium 2

Metrioptera saussuriana: Nymphenstadium 3

Metrioptera saussuriana: Nymphenstadium 4, Weibchen

Metrioptera saussuriana: Nymphenstadium 6, Weibchen

Metrioptera saussuriana: Nymphenstadium 7, Weibchen

Metrioptera saussuriana: Nymphenstadium 7, Männchen

Pholidoptera griseoaptera Strauchschrecken

Gewöhnliche Strauchschrecke
La Decticelle cendrée
Common Dark Bush-cricket

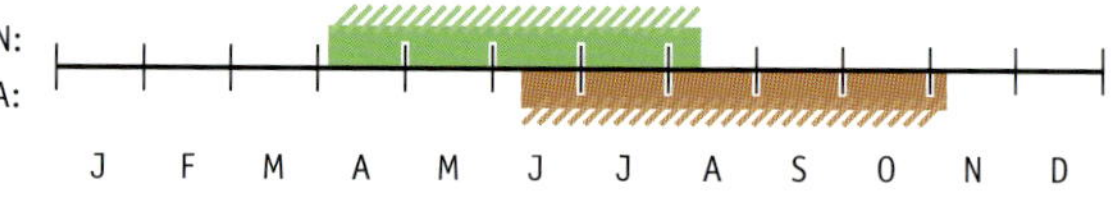

Anzahl Jugendstadien: 7

Lebensraum: Waldränder, Hecken, hochgrasige Wiesen und Gärten
Verbreitung: Ganze Schweiz

Merkmale der Nymphen

Grundfärbung: N1 mit schwarzbrauner Körperseite und hellbraunem Rücken, Bauch ab N2 grüngelb. Ab N3 Rücken dunkler und Seite heller braun.
Kopf: Auge auf Oberseite heller braun, Wange ab N3 braun marmoriert, dunkelbraune Augenmaske bildet sich.
Halsschild: *Seitenlappen ab N2 mit leicht aufgehelltem Saum.* Ab N3 Halsschild länger.
Hinterschenkel: *Braunschwarz mit hellbraunem Ring vor Hinterknie*, Oberseite ab und zu hellbraun, Hinterknie schwarz. Ab N3 dunkle Färbung auf seitliches Längsband reduziert, Längsband oft in leichte Querbänderung aufgelöst.
Rücken: Dunkle Doppellinie vom Scheitel bis zum Hinterleibende. Im Bereich des Kopfes ist Doppellinie deutlich breiter. Doppellinie in jedem Hinterleibglied als Dreieck mit Spitze nach hinten. Dreiecksmuster auf Hinterleib fehlt ab N6.
Flügelanlagen: Entwicklungstyp 2.
Legeröhre: Säbelartig nach oben gebogen, Länge bei WN7 entspricht 3/4 der Hinterschiene.

Ähnliche Arten

Metrioptera saussuriana: Halsschild-Seitenlappen schwarz oder schwarzbraun mit weißer Binde am hinteren Rand. Körperseite schwarz. Wange braun oder schwarzbraun. Entwicklungstyp 1. (s. S. 128)
Pholidoptera aptera: Mit weißem Band am hinteren Rand der Halsschild-Seitenlappen und weißer Hinterschenkel-Unterseite. (s. S. 136)

Pholidoptera griseoaptera: Nymphenstadium 1

Pholidoptera griseoaptera: Nymphenstadium 2

Pholidoptera griseoaptera: Nymphenstadium 3

Pholidoptera griseoaptera: Nymphenstadium 4, Weibchen

Pholidoptera griseoaptera: Nymphenstadium 6, Weibchen

Pholidoptera griseoaptera: Nymphenstadium 7, Männchen

♂

Pholidoptera aptera

Strauchschrecken

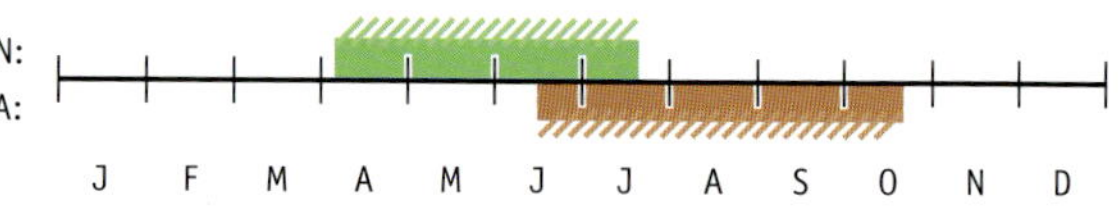

Alpen-Strauchschrecke
La Decticelle aptère
Alpine Dark Bush-cricket

Anzahl Jugendstadien: 7

Lebensraum: Waldränder, krautreiche Säume und Bergwiesen
Verbreitung: Tessin, Graubünden, St. Gallen, Schaffhausen (Randen) und Simplongebiet

Merkmale der Nymphen
Grundfärbung: Schwarz oder braun, Rücken oft heller, Bauch gelbgrün.
Kopf: *Auge auf Oberseite heller*, dunkle Augenmaske erst ab N7.
Halsschild: *Dunkle Seitenlappen am Hinterrand mit weißem Band*, Oberseite hellbraun, Halsschild ab N3 länger.
Hinterschenkel: *Unterkante weiß*, Außen- und Innenseite mit schwarzem Längsband, vor Hinterknie mit *hellbraunem Ring*, *Hinterknie schwarz*, Oberseite braun.
Rücken: Weiße Mittellinie mit dunklem Saum vom Scheitel bis zum Hinterleibende. Am Hinterleib in jedem Segment um weiße Linie dunkles Dreieck mit Spitze nach hinten. Dreiecksmuster bei N7 kaum noch vorhanden. Weißes Seitenband vom Auge bis zum Hinterleibende, in den letzten beiden Jugendstadien schwächer.
Flügelanlagen: Entwicklungstyp 2.
Cerci: *Ab MN6 lang und kräftig, mit Innenzahn kurz vor der Mitte.*
Legeröhre: *Säbelartig nach oben gebogen, bei WN7 knapp so lang wie Hinterschenkel.*

Ähnliche Arten
Antaxius difformis: Weißes Band am unteren Rand der Halsschild-Seitenlappen. Weißer Ring vor Hinterknie. (s. S. 166)
Eupholidoptera chabrieri: Weißes Band am unteren Rand der Halsschild-Seitenlappen. Hinterschenkel-Unterseite grün. (s. S. 148)
Pholidoptera griseoaptera: Halsschild-Seitenlappen ohne weißes Band. (s. S. 132)

Pholidoptera aptera: Nymphenstadium 2

Pholidoptera aptera: Nymphenstadium 3, Weibchen

Pholidoptera aptera: Nymphenstadium 4, Männchen

Pholidoptera aptera: Nymphenstadium 5, Weibchen

Pholidoptera aptera: Nymphenstadium 6, Weibchen

Pholidoptera aptera: Nymphenstadium 7, Männchen

Pholidoptera fallax

Strauchschrecken

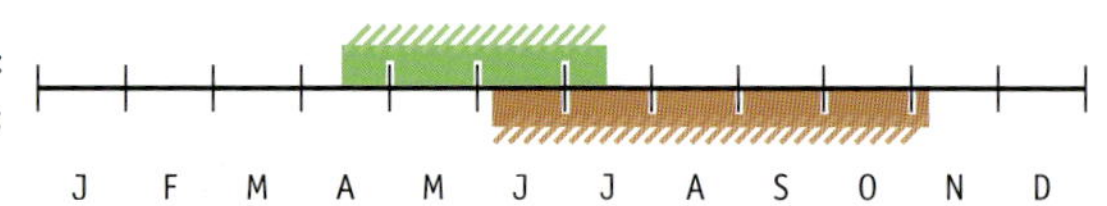

Anzahl Jugendstadien: 7

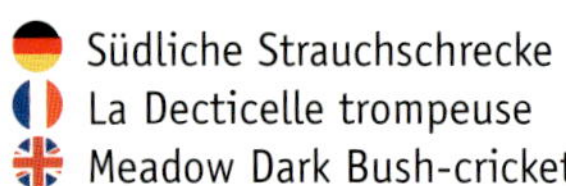

Südliche Strauchschrecke
La Decticelle trompeuse
Meadow Dark Bush-cricket

Lebensraum: Waldränder und gebüschreiche Wiesen
Verbreitung: Südtessin

Beschreibung der Nymphen

Grundfärbung: Braunschwarz bis schwarz, ab N5 braun marmoriert, Rücken hellbraun, ab N2 Bauch grün.
Kopf: Weiße Linie von Augenoberseite bis zum Halsschild, N1 bis N6 Fühler schwarz, ab N5 Wange dunkelbraun marmoriert.
Halsschild: Mit schwarzen Seitenlappen, ab N2 mit *breitem, weißem Band am unteren Rand, dieses dehnt sich im Entwicklungsverlauf am hinteren Rand* nach oben aus, ab N3 wird Halsschild länger.
Hinterschenkel: *Zuerst schwarz*, Oberseite hellbraun, hellbraune Fläche dehnt sich auf Oberseite und an schmalem Ende der Hinterschenkel aus, Unterseite gelbgrün. Ältere Nymphen mit schwarzem Längsband, ab N6 mit Querbänderung, v. a. auf Innenseite.
Rücken: Schwarze Doppellinie vom Scheitel bis zum Hinterleibende, schwarzer Saum bildet am Hinterleib in jedem Glied ein Dreieck mit Spitze nach hinten. Weiße Seitenlinie vom Scheitel bis zum Hinterleibende trennt hellen Rücken von schwarzbrauner Körperseite.
Flügelanlagen: Entwicklungstyp 2.
Legeröhre: Säbelartig nach oben gebogen, Länge bei WN7 entspricht 2/3 der Hinterschiene.

Ähnliche Arten

Eupholidoptera chabrieri: Mit hellbraunem Ring vor Hinterknie. Ab N5 auf Körperseiten und an Hinterschenkeln grün. (s. S. 148)
Pholidoptera littoralis: Mit heller, marmorierter Wange und ab N2 mit grünen Körperseiten. (s. S. 144)

Pholidoptera fallax: Nymphenstadium 1

Pholidoptera fallax: Nymphenstadium 2

Pholidoptera fallax: Nymphenstadium 3

Pholidoptera fallax: Nymphenstadium 6, Weibchen

Pholidoptera fallax: Nymphenstadium 6, Männchen

Pholidoptera fallax: Nymphenstadium 7, Männchen

Pholidoptera littoralis

Strauchschrecken

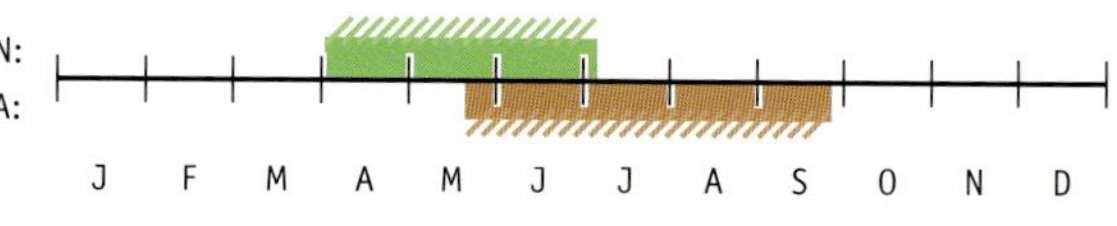

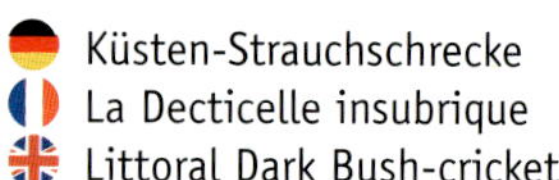

Küsten-Strauchschrecke
La Decticelle insubrique
Littoral Dark Bush-cricket

Anzahl Jugendstadien: 7

Lebensraum: Waldränder und Hecken, hochgrasige Wiesen mit Büschen
Verbreitung: Südtessin

Merkmale der Nymphen

Grundfärbung: N1 braunschwarz, Rücken hellbraun, ab N2 auf Körperseiten vermehrt grün, oberer Rand bleibt dunkelbraun.
Kopf: *Dunkelbraunes Band über den Augen, Wange hellbraun marmoriert.*
Halsschild: Seitenlappen braunschwarz, unterer *Rand mit breitem, weißem Band, ab N3 dehnt sich Band auf Seite aus und wird grünlich*. Halsschild ab N3 verlängert.
Hinterschenkel: Schwarzbraune Färbung der Außen- und Innenseite wird im Verlauf der Entwicklung geringer, z. T. bildet sich eine schwache Querbänderung, die Oberseite wird hellbraun, die Unterseite grün.
Rücken: Schwarzes Doppelband von der Stirn bis zur Hinterleibspitze, ab N3 auf Hinterleib Dreiecksmuster mit Spitze nach hinten. Körperseite mit hellem Band vom Scheitel bis zum Hinterleibende, ab N6 an Kopf und Halsschild fehlend.
Flügelanlagen: Entwicklungstyp 2.
Legeröhre: Gerade.

Ähnliche Arten

Eupholidoptera chabrieri: Grundfärbung schwarz, Körperseite ab N5 grün, Hinterschenkel mit hellbraunem Ring vor Knie, ab N5 grün mit charakteristischer Querbänderung. (s. S. 148)
Pholidoptera fallax: Grundfärbung schwarz oder braun, mit dunkler Wange. Nur Bauch grün. (s. S. 140)

Pholidoptera littoralis: Nymphenstadium 1

Pholidoptera littoralis: Nymphenstadium 2

Pholidoptera littoralis: Nymphenstadium 4, Weibchen

Pholidoptera littoralis: Nymphenstadium 5

Pholidoptera littoralis: Nymphenstadium 6, Weibchen

Pholidoptera littoralis: Nymphenstadium 7, Männchen

Eupholidoptera chabrieri

Strauchschrecken

N:
A:

J F M A M J J A S O N D

Grüne Strauchschrecke
La Decticelle splendide
Chabrier's Marbled Bush-cricket

Anzahl Jugendstadien: 7

Lebensraum: Waldränder und Brombeerhecken, Gärten
Verbreitung: Südtessin

Merkmale der Nymphen

Grundfärbung: Frühe Nymphenstadien schwarz mit hell- oder rotbraunem Rücken, ab N2 Bauch grün, ab N5 vermehrt mit grüner Färbung.
Kopf: N1 mit dunkler Kopfseite, weißes Band vom Auge bis zum Halsschild, Auge im oberen Drittel heller. Ab N5 Wange hellbraun bis hellgrün und mit dunkler Augenmaske.
Halsschild: *Seitenlappen schwarz mit breitem, weißem Band am unteren Rand, später Ausdehnung zum oberen Hinterrand,* Halsschild ab N3 länger.
Hinterschenkel: N1: Außen- und Innenseite schwarz *mit hellbraunem Ring vor Kniegelenk,* Oberseite hellbraun, Unterkante weiß oder grünlich, *Hinterknie schwarz*. Ab N4 löst sich dunkle Außenseite in *Streifenmuster* auf, heller Ring im Kniebereich breiter.
Hinterleib: Rücken hellbraun, später rotbraun, schwarze Doppellinie mit gelbem Inneren auf Brust, Hinterleib mit Dreiecksmuster in jedem Glied, Spitze nach hinten, *Dreiecksinneres gelb*. Bis N6 weiße Seitenlinie zwischen schwarzer Körperseite und hellerem Rücken, Körperseite ab N5 vermehrt grün.
Flügelanlagen: Entwicklungstyp 2.
Legeröhre: Leicht gebogen, bei WN7 fast so lang wie Hinterschiene.

Ähnliche Arten

Frühe Jugendstadien können mit folgenden Arten verwechselt werden:
Pholidoptera aptera: Weiße Binde am Hinterrand der Halsschild-Seitenlappen. (s. S. 136)
Pholidoptera fallax: Hinterschenkel ohne hellbraunen Ring beim Knie. (s. S. 140)
Pholidoptera littoralis: Wange hell. Ohne hellbraunes Band beim Hinterknie. (s. S. 144)

Eupholidoptera chabrieri: Nymphenstadium 1

Eupholidoptera chabrieri: Nymphenstadium 2

Eupholidoptera chabrieri: Nymphenstadium 4, Weibchen

Eupholidoptera chabrieri: Nymphenstadium 5, Weibchen

Eupholidoptera chabrieri: Nymphenstadium 6, Weibchen

Eupholidoptera chabrieri: Nymphenstadium 7, Weibchen

Pachytrachis striolatus

Strauchschrecken

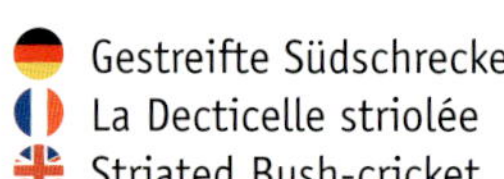

Gestreifte Südschrecke
La Decticelle striolée
Striated Bush-cricket

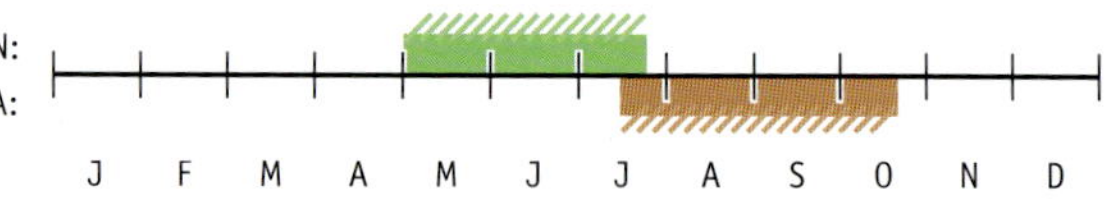

Anzahl Jugendstadien: 7

Lebensraum: Felsige Hänge mit hohem Gras und Sträuchern
Verbreitung: Sehr selten; Südtessin

Merkmale der Nymphen

Grundfärbung: Grün, ältere Nymphen gelbgrün, Oberseite schwarz-weiß.
Kopf: *Schwarze Fühler*, ca. 2,5-mal so lang wie Körper, Wange gelbgrün, Auge in unterer Hälfte heller.
Halsschild: Seitenlappen in unterer Hälfte grün mit breitem, hellgrünem Rand, ab N4 zuerst am hinteren Rand gelb, ab N7 Rand auf ganzer Länge gelb. Halsschild ab N3 verlängert.
Hinterschenkel: *Außen- und Innenseite* mit *schwarzem Streifenmuster auf grünem Grund*, schmaler Teil rotbraun, Hinterknie dunkel.
Rücken: *Mit breiten, schwarz-weißen Längsstreifen vom Scheitel bis zum Hinterleibende.*
Flügelanlagen: Entwicklungstyp 2.
Cerci: Ab MN6 lang und schmal.
Legeröhre: Gerade, bei WN7 knapp so lang wie Hinterschenkel.

Pachytrachis striolatus: Nymphenstadium 1

Pachytrachis striolatus: Nymphenstadium 3

Pachytrachis striolatus: Nymphenstadium 5, Männchen

Pachytrachis striolatus: Nymphenstadium 6, Weibchen

Pachytrachis striolatus: Nymphenstadium 7, Weibchen

Pachytrachis striolatus: Nymphenstadium 7, Männchen

Yersinella raymondii

Strauchschrecken

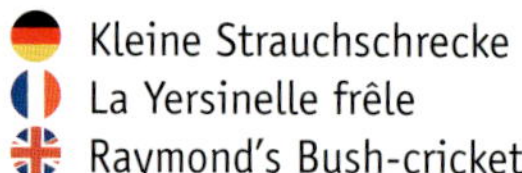

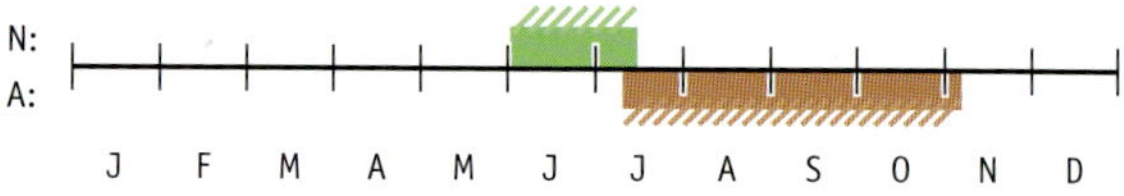

Kleine Strauchschrecke
La Yersinelle frêle
Raymond's Bush-cricket

N:
A:

J F M A M J J A S O N D

Anzahl Jugendstadien: 7?

Lebensraum: Waldränder und Brombeerhecken
Verbreitung: Südtessin

Merkmale der Nymphen

Grundfärbung: Körperseite rotbraun bis kastanienbraun, Oberseite hell.
Kopf: *Braune Augenmaske mit weißem Strich über Auge*, Auge im oberen Drittel heller, Scheitel mit brauner Doppellinie, *weiße Wange mit braunen Flecken*.
Halsschild: *Seitenlappen am unteren Rand weiß mit braunen Flecken*.
Hinterschenkel: Mit *Querstreifen auf Außen- und Innenseite*.
Rücken: Vom Halsschild bis zum Hinterleibende *drei braune Längsstreifen*, auf Seite weißes Längsband vom Scheitel bis zum Hinterleibende.
Flügelanlagen: Entwicklungstyp 2.
Cerci: *Spätestens ab dem zweitletzten Stadium in der Mitte abgeflacht*.
Legeröhre: Leicht nach oben gebogen.

Ähnliche Arten
Antaxius pedestris: Weißer Ring vor Hinterknie. (s. S. 162)
Pholidoptera griseoaptera: Reihe von V-Zeichen in Hinterleibmitte. Hinterschenkel mit schwarzer Längslinie. Kräftigere Gestalt. (s. S. 132)

Yersinella raymondii: Nymphenstadium 5, Weibchen

Yersinella raymondii: Nymphenstadium 6, Weibchen

Yersinella raymondii: Nymphenstadium 5, Männchen

Yersinella raymondii: Nymphenstadium 6, Männchen

Yersinella raymondii: Nymphenstadium 7, Männchen

Rhacocleis annulata

Strauchschrecken

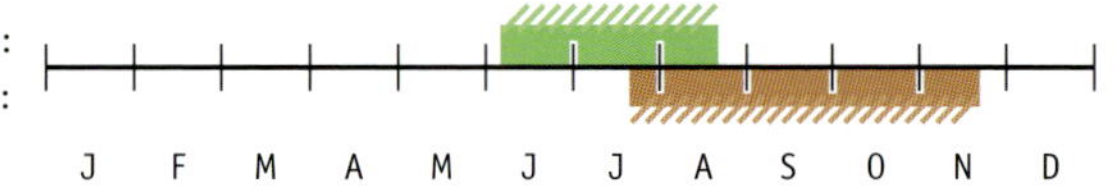

Sizilianische Strauchschrecke
La Sauterelle annelée
Ringed Bush-cricket

Anzahl Jugendstadien: 7?

Lebensraum: Sträucher in Gärten
Verbreitung: 2018/2019 eingeschleppt in den Kantonen Genf, Neuenburg und Basel-Stadt

Merkmale der Nymphen

Grundfärbung: Braun marmoriert.
Kopf: Zweitletztes Nymphenstadium mit hellerer Wange und Stirn.
Halsschild: Seitenlappen-Hinterrand mit kleinem, weißem Fleck.
Rücken: Dunkelbraune Mittellinie und seitlich davon zwei braune Bänder von Halsschild bis zu Hinterleibende.
Flügelanlagen: Entwicklungstyp 2.
Legeröhre: Zuerst gerade, ab WN7 leicht nach oben gebogen.

Rhacocleis annulata: Nymphenstadium 4, Männchen

Rhacocleis annulata: Nymphenstadium 6, Weibchen

Antaxius pedestris

Bergschrecken

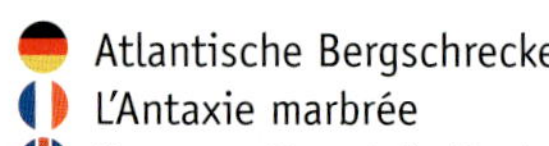

Atlantische Bergschrecke
L'Antaxie marbrée
Common Mountain Bush-cricket

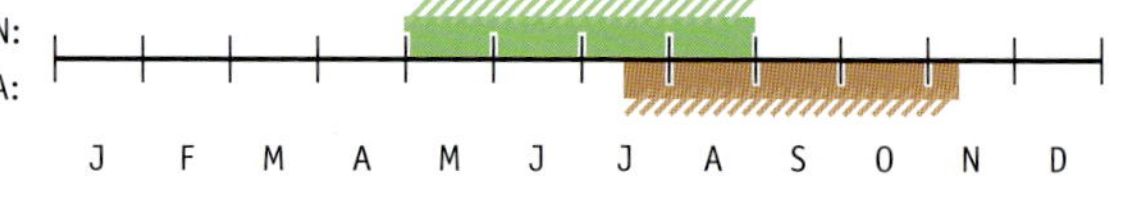

Anzahl Jugendstadien: 7

Lebensraum: Gebüsche und Stauden, oft in der Umgebung von Gesteinen (Mauern, Felsen oder Geröll)
Verbreitung: Tessin, Wallis und Graubünden

Merkmale der Nymphen

Grundfärbung: Schwarz, Rücken weiß, ab N3 mit Grüntönen an Beinen, ältere Individuen grau-, hell- oder rotbraun.
Kopf: *Frühe Stadien mit weißem Scheitel und schwarzer Doppellinie sowie seitlichen Streifen über Augen*, ab N3 Scheitel auch hellbraun. *Auge auf Oberseite heller, dunkles Band hinter dem Auge (Maske), N1 bis N6 mit weißer, marmorierter Wange.*
Halsschild: *Seitenlappen schwarz mit weißem Band am unteren Rand,* bei älteren Nymphen dehnt sich das helle Band am hinteren Rand aus, Weibchen im 7. Stadium z. T. nur mit Band am hinteren Rand. Halsschild ab N3 verlängert.
Hinterschenkel: Schwarz mit *weißem Ring im letzten Drittel*, heller Ring fehlt ab N6. Unterkante in ersten zwei Dritteln weiß. Ab N2 lockert sich die schwarze Färbung auf, *N3 mit Streifenmuster auf Außen- und Innenseite, Unterseite grün*. N4: Hinterschenkel grünlich mit Bänderung und dunklen Flecken.
Rücken: *Drei braune Bänder vom Halsschild bis zum Hinterleibende,* weißes Band trennt den helleren Rücken von der schwarzen Körperseite, ab N3 Rücken bräunlich.
Flügelanlagen: Entwicklungstyp 2.
Cerci: *Ab MN6 breit und hell mit drei Spitzen.*
Legeröhre: *Gerade, Länge bei WN7 entspricht 4/5 der Hinterschiene*.

Ähnliche Art
Antaxius difformis: Frühe Nymphen mit weißem Band am unteren und hinteren Rand der Halsschild-Seitenlappen. Wange schwarz. (s. S. 166)

Antaxius pedestris: Nymphenstadium 1

Antaxius pedestris: Nymphenstadium 2

Antaxius pedestris: Nymphenstadium 3

Antaxius pedestris: Nymphenstadium 5, Weibchen

Antaxius pedestris: Nymphenstadium 6, Weibchen

Antaxius pedestris: Nymphenstadium 7, Männchen

Antaxius difformis

Bergschrecken

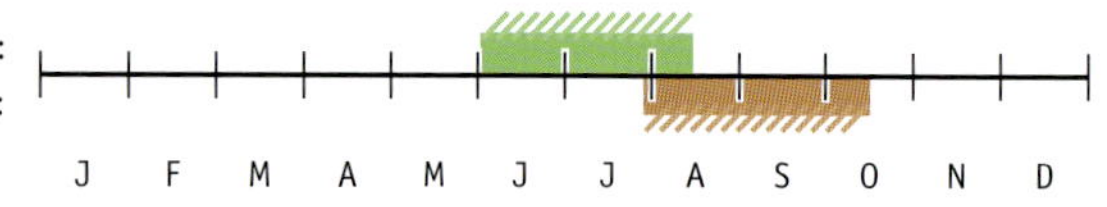

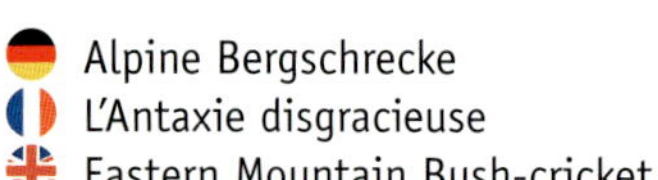

Alpine Bergschrecke
L'Antaxie disgracieuse
Eastern Mountain Bush-cricket

Anzahl Jugendstadien: 7

Lebensraum: Gut besonnte Felsregionen und Geröllfelder mit Zwergsträuchern
Verbreitung: Engadin und Bündner Südtäler, vereinzelt im Tessin und Simplongebiet (VS)

Merkmale der Nymphen

Grundfärbung: *Kopf und Körperseite schwarz,* Rücken dunkelbraun.
Kopf: *Wange dunkel, Auge im oberen und unteren Drittel heller.*
Halsschild: *Weißes Band am Unter- und Hinterrand der schwarzen Seitenlappen*. N7: weißes Band erscheint grünlich. Halsschild ab N3 verlängert.
Hinterschenkel: Schwarzes Längsband, *von weißem Ring nahe Knie* unterbrochen, Unterseite weiß, Oberseite v. a. beim breiten Teil weiß *mit schwarzem Streifenmuster* und Punkten. Helle Oberseite im Verlauf der Entwicklung größer.
Rücken: Dunkelbraun, z. T. auch grau, schwarze Doppellinie vom Scheitel bis zum Hinterleibende, weißes Band grenzt schwarze Seite von braunem Rücken mit zahlreichen schwarzen Punkten und Längsstrichen ab.
Flügelanlagen: Entwicklungstyp 2.
Cerci: Ab N5 bei Männchen mit breiter Basis, ab N6 mit Innenzahn in der Mitte.
Legeröhre: Leicht nach oben gebogen.

Ähnliche Arten

Antaxius pedestris: Frühe Nymphen mit weißem Band auf Unterseite der Halsschild-Seitenlappen. Wange und Scheitel weiß. (s. S. 162)
Pholidoptera aptera: Weißes Band auf Halsschild-Seitenlappen nur am Hinterrand. Hinterschenkel mit braunem Ring vor Knie. (s. S. 136)

Antaxius difformis: Nymphenstadium 1

Antaxius difformis: Nymphenstadium 2

Antaxius difformis: Nymphenstadium 3

Antaxius difformis: Nymphenstadium 5, Männchen

Antaxius difformis: Nymphenstadium 6, Männchen

Antaxius difformis: Nymphenstadium 7, Männchen

Anonconotus alpinus

Alpenschrecken

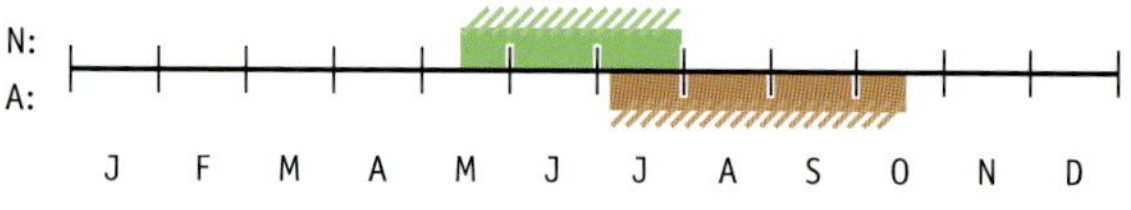

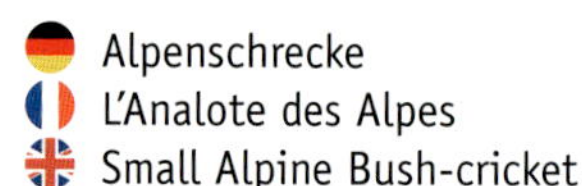

Alpenschrecke
L'Analote des Alpes
Small Alpine Bush-cricket

Anzahl Jugendstadien: 7

Lebensraum: Alpweiden und Zwergstrauchheiden mit lückiger Vegetation und steinigen Böden
Verbreitung: Berner Alpen, westliche Walliser und Waadtländer Alpen

Merkmale der Nymphen

Grundfärbung: N1 mit schwarzer Körperseite, Rücken beige, ab N3 farblich vielfältiger, vermehrt grüne Farbtöne.
Kopf: *Schwarzer Fleck über Auge, oberes Augendrittel heller, Wange zuerst graubraun, später rötlich braun.*
Halsschild: Seitenlappen schwarz, *unterer und hinterer Rand mit weißem Band, ab N3 grünlich, später auch rötlich, ab N5 grüner Saum am ganzen Rand der Seitenlappen*. Halsschild ab N3 verlängert, ab N4 Oberseite mit orangebraunem *Hinterrand*.
Rücken: Mit schwarzer Doppellinie vom Scheitel bis zum Hinterleibende, Hinterleib pro Glied ein Dreieck mit Spitze nach hinten, *zwischen Doppellinie grün*. Weißes Band auf Körperseite vom Auge bis zum Hinterleibende. *Hinterleibglieder auf der Hinterseite ab N4 orangebraun.*
Hinterschenkel: Innen- und Außenseite mit schwarzem Längsband, *hellbrauner Ring vor schwarzem Hinterknie*. N3: Schenkel hellbraun, Unterseite grün, schwarzes Längsband kürzer und schmaler, z. T. schwache, senkrechte Bänderung.
Flügelanlagen: Entwicklungstyp 2.
Cerci: *Kurz und kräftig*, ab N5 nach innen gebogen, mit Endzahn.
Legeröhre: Nach oben gebogen, bei N7 deutlich länger als Hinterschiene.

Ähnliche Art

Roeseliana roeselii: Halsschild-Seitenlappen bei älteren Nymphen grün, unterer Rand breit hellgrün. Hinterschenkel grün mit schwarzem Längsband. Beine mit dunklen Punkten. Entwicklungstyp 1. Legeröhre kürzer. (s. S. 112)

Anonconotus alpinus: Nymphenstadium 1

Anonconotus alpinus: Nymphenstadium 3, Männchen

Anonconotus alpinus: Nymphenstadium 5, Weibchen

Anonconotus alpinus: Nymphenstadium 6, Weibchen

Anonconotus alpinus: Nymphenstadium 7, Weibchen

Anonconotus alpinus: Nymphenstadium 7, Männchen

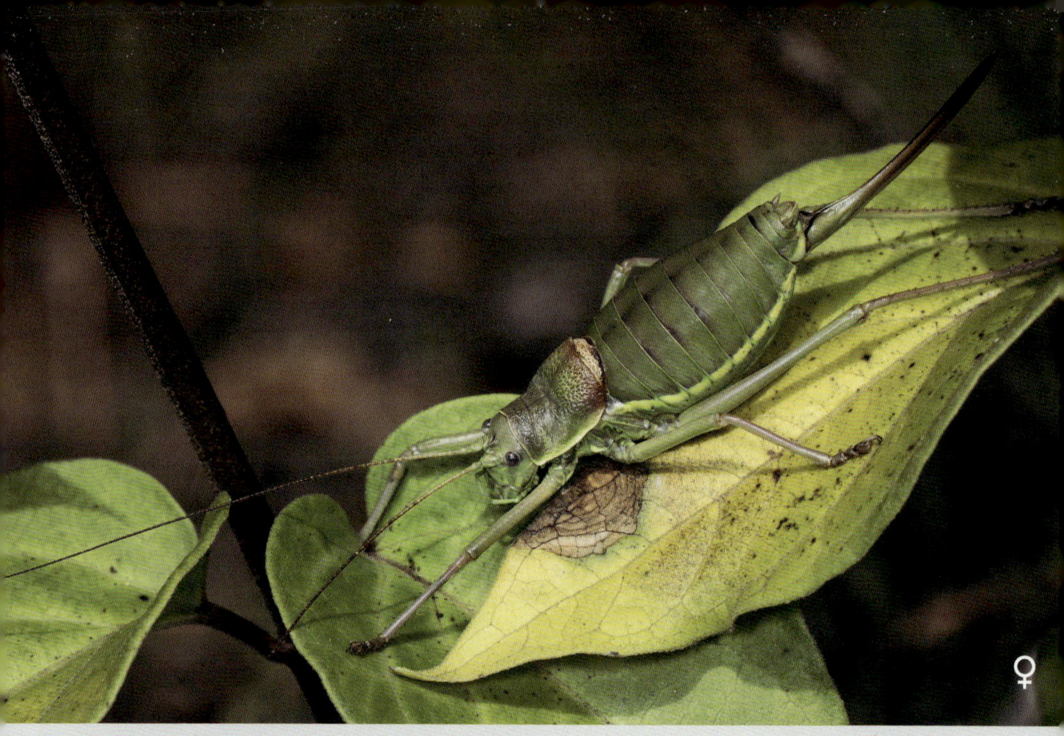

Ephippiger persicarius

Sattelschrecken

- Strauch-Sattelschrecke
- L'Éphippigère insubrique
- Swiss Saddle Bush-cricket

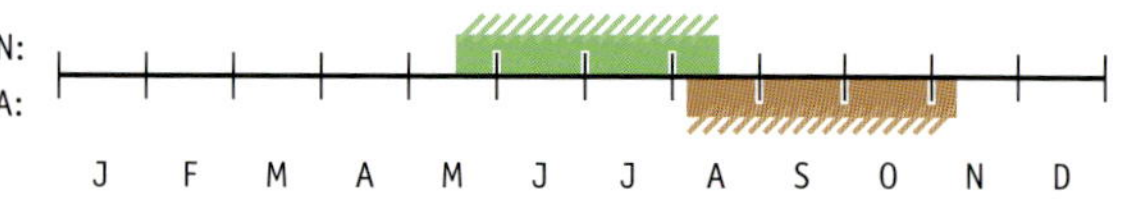

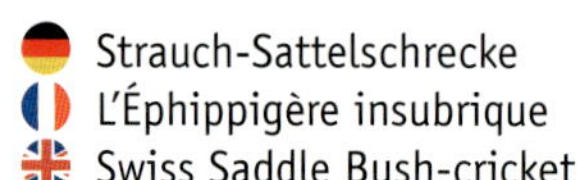

Anzahl Jugendstadien: 6 (5)

Lebensraum: Besonnte Waldränder und Bergwiesen mit Adlerfarn oder Sträuchern, Weinberge
Verbreitung: Tessin und südliches Puschlav

Merkmale der Nymphen

Grundfärbung: Grün.
Kopf: *Hinterkopf schwarz, Scheitel rund, gelber Streifen unterhalb Augen, v. a. bei frühen Stadien.*
Halsschild: Hinterer Rand leicht rotbraun, unterer Rand der Seitenlappen gelb, ab N5 im letzten Drittel leicht gewölbt.
Hinterschenkel: Schwarze Punktreihe bei N1 und schwächer bei N2, fehlt bei älteren Stadien.
Hinterleib: *Breites, gelbes Längsband am unteren Rand der Rückenplatten*, am Hinterrand der Glieder ab und zu schwarze Punkte.
Flügelanlagen: Entwicklungstyp 2.
Cerci: *Kräftig, kegelförmig mit schwarzem Innenzahn im letzten Drittel.*
Legeröhre: Gerade, bei WN6 kürzer als Körper, ungefähr 3/4 der Hinterschiene.

Ähnliche Arten

Ephippiger diurnus: Schwarze Punkte am Ende der Hinterleibglieder ausgeprägter. Cerci mit Innenzahn in Mitte. Unterscheidung hauptsächlich aufgrund der Verbreitung. (s. S. 182)
Ephippiger terrestris: Auf Hinterleib zwei helle Linien vom Halsschild bis zum Hinterleibende. Cerci mit Innenzahn kurz vor Spitze. (s. S. 178)

Ephippiger persicarius: Nymphenstadium 1

Ephippiger persicarius: Nymphenstadium 3, Weibchen

Ephippiger persicarius: Nymphenstadium 4, Männchen

Ephippiger persicarius: Nymphenstadium 5, Weibchen

Ephippiger persicarius: Nymphenstadium 6, Männchen

Ephippiger persicarius: Nymphenstadium 6, Weibchen

Ephippiger terrestris

Sattelschrecken

Alpen-Sattelschrecke
L'Éphippigère terrestre
Alpine Saddle Bush-cricket

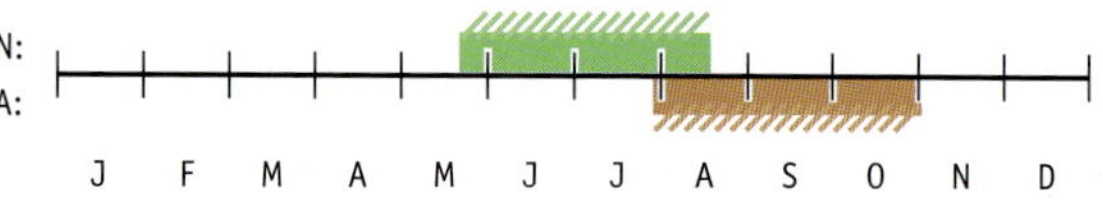

Anzahl Jugendstadien: 6 (5)

Lebensraum: Bergwiesen mit Zwergsträuchern und Adlerfarn
Verbreitung: Südtessin

Merkmale der Nymphen

Grundfärbung: Graugrün oder grün.
Kopf: *Hinterkopf schwarz,* Scheitel rund, gelbe Linie unterhalb Augen.
Halsschild: Unterer Rand der Seitenplatte gelb, Hinterrand z. T. braunrot (v. a. bei älteren Entwicklungsstadien), ab N6 Halsschild in hinterer Hälfte leicht gewölbt.
Hinterschenkel: Schwarze Punktreihen bei N2, diese fehlen bei N5.
Hinterleib: N2 in der Rückenmitte mit Doppellinie vom Scheitel bis zum Hinterleib, bei N5 z. T. noch Reste dieser Linie. *Zwei gelbe oder weiße Längsbänder auf Körperseite vom Halsschild bis zum Hinterleibende*. Schwarze Punkte am Hinterrand der Glieder. Ab N5 z. T. zwei bis drei Reihen schwarzer Flecke am Vorderrand der Glieder.
Flügelanlagen: Entwicklungstyp 2.
Cerci: *Bei Männchen Innenzahn kurz vor Spitze.*
Legeröhre: Leicht nach oben gebogen, bei N6 ungefähr so lang wie Körper (teils etwas kürzer, teils länger).

Ähnliche Arten

Ephippiger diurnus: Hinterleib mit breitem, gelbem Längsband am unteren Rand der Rückenplatten, dazu oft gelbe Linie auf Körperseite. Cerci mit Innenzahn in Mitte. (s. S. 182)
Ephippiger persicarius: Nur ein gelbes Längsband auf Hinterleibseite. Cerci mit schwarzem Innenzahn im letzten Drittel. (s. S. 174)

Ephippiger terrestris: Nymphenstadium 2

Ephippiger terrestris: Nymphenstadium 4, Männchen

Ephippiger terrestris: Nymphenstadium 4, Weibchen

Ephippiger terrestris: Nymphenstadium 5, Weibchen

Ephippiger terrestris: Nymphenstadium 5, Männchen

Ephippiger terrestris: Nymphenstadium 6, Weibchen

Ephippiger diurnus

Sattelschrecken

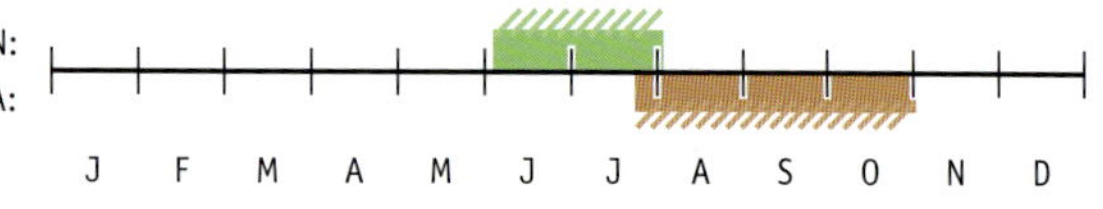

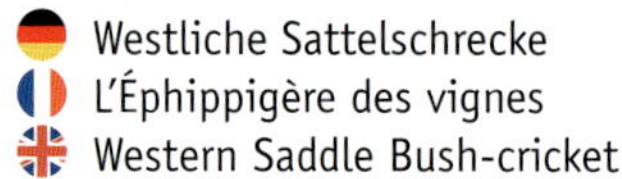

Westliche Sattelschrecke
L'Éphippigère des vignes
Western Saddle Bush-cricket

Anzahl Jugendstadien: 6 (5)

Lebensraum: Gut besonnte, strukturreiche Waldränder und gebüschreiche Wiesen und Felsregionen
Verbreitung: Jurasüdfuß

Merkmale der Nymphen

Grundfärbung: Grün.
Kopf: *Hinterkopf schwarz, runder Scheitel.*
Halsschild: Hinterer Rand rotbraun, unterer und vorderer Rand der Seitenlappen gelb gesäumt, ab N5 im letzten Drittel leicht gewölbt.
Hinterleib: *Breites, gelbes Längsband am unteren Rand der Rückenplatten und vielfach gelbe Linie auf der Körperseite, Hinterrand der Glieder mit größeren schwarzen Punkten.*
Flügelanlagen: Entwicklungstyp 2.
Cerci: Bei Männchen kegelförmig, mit *Innenzahn in der Mitte.*
Legeröhre: Säbelartig, leicht nach oben gebogen, bei WN6 so lang wie Hinterschiene.

Ähnliche Arten
Ephippiger persicarius: Gelber Streifen unterhalb Auge. Cerci bei MN6 mit Innenzahn im letzten Drittel. Unterscheidung aufgrund der Verbreitung. (s. S. 174)
Ephippiger terrestris: Mit zwei gelben Streifen auf Körperseite. (s. S. 178)

Ephippiger diurnus: Nymphenstadium 4, Männchen

Ephippiger diurnus: Nymphenstadium 5, Männchen

Ephippiger diurnus: Nymphenstadium 6, Männchen

Ephippiger diurnus: Nymphenstadium 6, Männchen

Ephippiger diurnus: Nymphenstadium 6, Weibchen

Saga pedo

Sägeschrecken

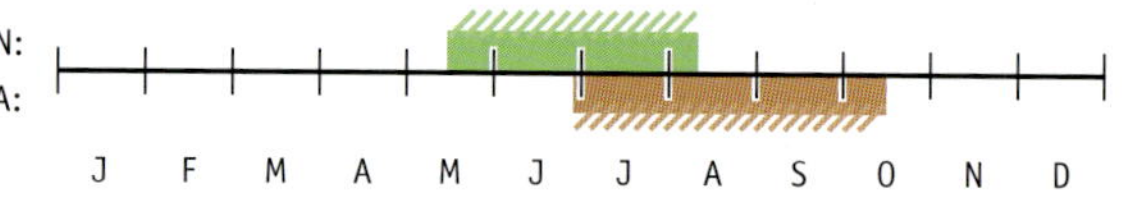

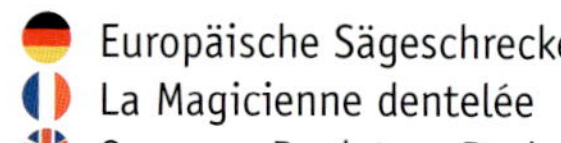

Europäische Sägeschrecke
La Magicienne dentelée
Common Predatory Bush-cricket

Anzahl Jugendstadien: 6

Lebensraum: Warme, hochgrasige Trockenwiesen mit vereinzelten Sträuchern
Verbreitung: Unterwallis und Umgebung von Chur

Merkmale der Nymphen
Grundfärbung: Hell- bis dunkelgrün, mit weißer Seitenlinie von der Fühlerbasis über das Auge bis zum Hinterleibende.
Kopf: Keilartige Kopfform, Fühler rötlich.
Hinterschenkel: Als Schreitbein nicht verdickt.
Beine: 1. und 2. Beinpaar mit zwei Dornenreihen auf Schenkelunterseite und Schienen.
Flügelanlagen: Entwicklungstyp 2. Lappen der Flügelanlagen bei WN5 am Rand nur schwach, bei WN6 deutlich nach oben gefaltet. Anlagen der Vorderflügel größer als jene der Hinterflügel. Bei der Umwandlung zum Imago verkümmern die Flügel beim Weibchen.
Legeröhre: Gerade, Länge bei N6 entspricht 4/5 der Hinterschenkel.
Wissenswertes: Von einer Ausnahme abgesehen wurden bisher nur weibliche Individuen festgestellt. Die Eier entwickeln sich ohne Befruchtung: Jungfernzeugung oder Parthenogenese.

Saga pedo: Nymphenstadium 1, Weibchen

Saga pedo: Nymphenstadium 4, Weibchen

Saga pedo: Nymphenstadium 5, Weibchen

Saga pedo: Nymphenstadium 6, Weibchen

Troglophilus cavicola

Buckelschrecken

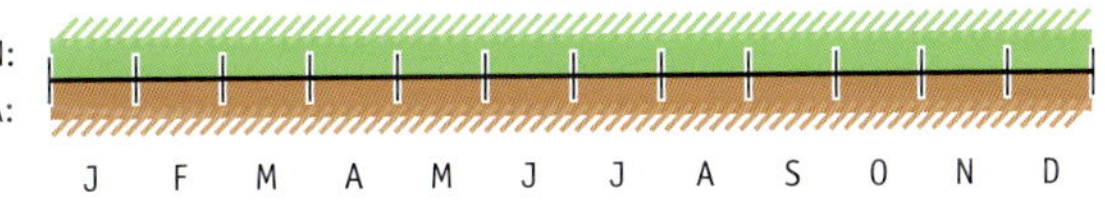

Kollars Höhlenschrecke
Le Troglophile cavicole
Common Cave-cricket

Anzahl Jugendstadien: 10

Lebensraum: Bruchsteinmauern, Wurzelbereich von Bäumen im Wald
Verbreitung: Südliches Puschlav

Merkmale der Nymphen

Grundfärbung: *Braun mit hellen und dunklen Flecken, ohne grüne Farbanteile.*
Hinterschenkel: Mit zwei Reihen heller Querbänder.
Rücken: *Bucklig, gelbe Linie vom Scheitel bis zum Hinterleibende.*
Legeröhre: Nach oben gebogen, im *ersten Drittel deutlich verbreitert,* Legeröhrenklappen an Innenseite glatt (bei ausgewachsenen Tieren grob gezähnt). Länge bei N10 entspricht 1/3 der Hinterschiene.
Wissenswertes: In der Schweiz wurden bisher nur weibliche Individuen festgestellt. Die Eier entwickeln sich ohne Befruchtung: Jungfernzeugung oder Parthenogenese.

Ähnliche Arten
Dolichopoda geniculata: Sehr lange Beine. Hinterschenkel 1,5-mal so lang wie Körper. Grundfärbung ohne helle und dunkle Flecke. Legeröhre säbelartig nach oben gebogen, an Basis verdickt. In der Schweiz treten beide Geschlechter auf. (s. S. 193)
Troglophilus neglectus: Mit grünen Farbanteilen. Legeröhre mit vorspringender Spitze. Rückenplatte des 10. Hinterleibgliedes mit zwei kleinen, dornartigen Fortsätzen. (s. S. 191)

Troglophilus cavicola: mittleres Nymphenstadium

Troglophilus cavicola: Nymphenstadium 10, Weibchen

Troglophilus neglectus

Buckelschrecken

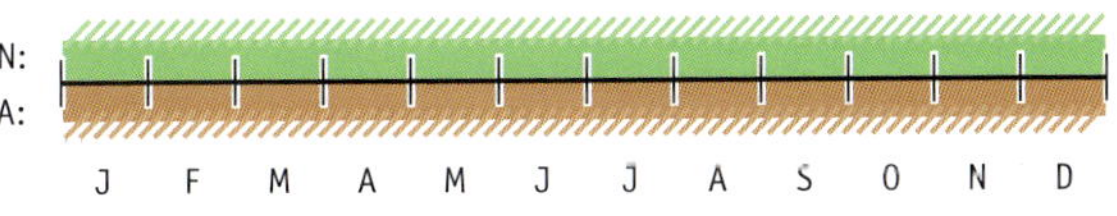

Bedornte Höhlenschrecke
Le Troglophile négligé
Neglected Cave-cricket

Anzahl Jugendstadien: 8

Lebensraum: Höhlen und Stollen, im Wald unter Baumwurzeln und Rindenstücken
Verbreitung: Sehr lokal, im St. Galler Rheintal

Merkmale der Nymphen

Grundfärbung: *Braun mit hellen und dunklen Flecken, mit grünen Farbtönen an Hinterleib und Hinterschenkeln.*
Kopf: Fühler breit hell-dunkel geringelt.
Rücken: *Buckelig, mit gelber Mittellinie vom Scheitel bis zum Hinterleibende.*
Hinterleib: *Oberseite des 10. Hinterleibringes mit zwei kleinen, dornartigen Fortsätzen.*
Legeröhre: An Basis leicht nach oben gebogen, im ersten Drittel verbreitert, *endet mit vorspringender Spitze.*
Wissenswertes: In der Schweiz wurden bisher nur weibliche Individuen festgestellt. Die Eier entwickeln sich ohne Befruchtung: Jungfernzeugung oder Parthenogenese.

Ähnliche Arten
Dolichopoda geniculata: Sehr langbeinig, Hinterschenkel 1,5-mal so lang wie der Köper. Grundfärbung ohne helle und dunkle Flecke. Legeröhre feiner, säbelartig, an der Basis kräftiger. In der Schweiz treten beide Geschlechter auf. (s. S. 193)
Troglophilus cavicola: Braun mit hellen und dunklen Flecken, ohne grüne Farbanteile. Legeröhre ohne vorspringende Spitze. (s. S. 189)

Troglophilus neglectus: mittleres Nymphenstadium

Troglophilus neglectus: Nymphenstadium 8, Weibchen

Dolichopoda geniculata

Buckelschrecken

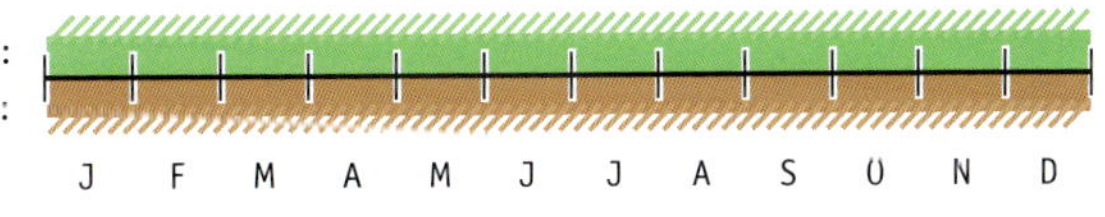

Anzahl Jugendstadien: 9

- Südital. Langbein-Höhlenschrecke
- Le Dolichopode romain
- Bended Cave-cricket

Lebensraum: Höhlen, trockene Bachbette
Verbreitung: Südtessin

Merkmale der Nymphen

Grundfärbung: Braun oder rötliches Dunkelbraun.
Kopf: Mit langen Kiefertastern und sehr langen Fühlern.
Hinterschenkel: Auf Außen- und Innenseite mit heller Querbänderung.
Beine: Sehr lang, spinnenartig, Hinterschenkel etwa 1,5-mal so lang wie der Körper.
Hinterleib: Am Ende der Glieder dunkler.
Cerci: Lang und dünn, nach oben und innen gebogen, behaart.
Legeröhre: Säbelartig nach oben gebogen, an Basis verdickt, bei WN9 so lang wie 2/3 der Hinterschiene.

Ähnliche Arten

Troglophilus cavicola: Grundfärbung braun mit hellen und dunklen Flecken, gelbe Mittellinie vom Scheitel bis zum Hinterleibende. Beine kürzer, Hinterschenkel so lang wie Körper. Legeröhre dolchartig, breiter. (s. S. 189)
Troglophilus neglectus: Braun mit hellen und dunklen Flecken, Hinterleib und Hinterschenkel mit Grüntönen, gelbe Längslinie vom Scheitel bis zum Hinterleibende. Beine kürzer, Hinterschenkel so lang wie Körper. Legeröhre dolchartig, breiter. (s. S. 191)

Dolichopoda geniculata: mittleres Nymphenstadium

Dolichopoda geniculata: spätes Nymphenstadium, Männchen

Dolichopoda geniculata: Nymphenstadium 8, Weibchen

Dolichopoda geniculata: Nymphenstadium 9, Weibchen

Gryllus campestris

Echte Grillen

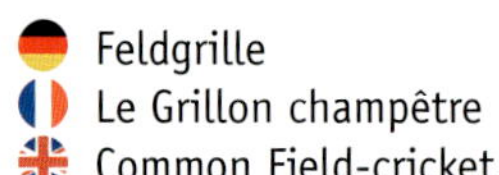

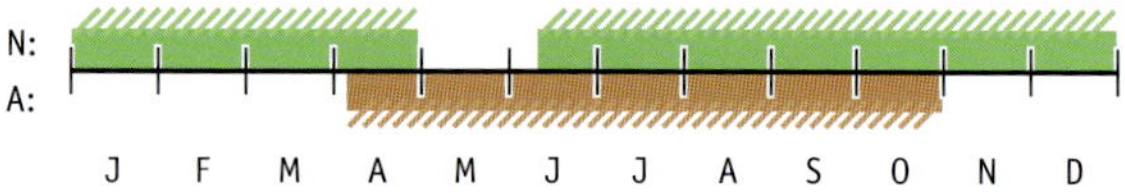

Feldgrille
Le Grillon champêtre
Common Field-cricket

N:
A:

J F M A M J J A S O N D

Anzahl Jugendstadien: 9–12

Lebensraum: Sonnige, trockene Grünflächen
Verbreitung: Ganze Schweiz

Merkmale der Nymphen

Grundfärbung: Schwarz.
Kopf: Rund, relativ groß.
Halsschild: N1 schwarzbraun, auf Hinterseite goldgelb mit schwarzen Flecken, Seitenlappen schwarz mit gelber Unterkante, 2. Brustsegment vollständig goldgelb mit schwarzen Punkten. In der Mitte gelbe Längslinie mit schwarzem Saum. Im weiteren Verlauf fehlt zuerst die Gelbfärbung auf der Oberseite des Halsschildes (N2), dann auf dem 2. Brustglied (N3) und zuletzt auf der Unterkante des Seitenlappens (N4).
Hinterschenkel: Ab N5 mit roten Feldern auf Innenseite, ab N6 Schienen rötlich, zudem Schenkel auch auf Außenseite rötlich.
Hinterschiene: Länge der Dornen ab N4 entspricht mindestens Durchmesser der Hinterschiene.
Cerci: N1 an Basis breit goldgelb, N2 vollständig gelb, z. T. mit einzelnen dunklen Bereichen, ab N7 noch an der Basis gelb, sonst schwarz.
Wissenswertes: Die Nymphen bauen ab dem 5. Stadium eine eigene Wohnröhre, sie überwintern im zweitletzten oder letzten Jugendstadium.

Ähnliche Art
Nemobius sylvestris: Stirn mit offenem, gelbem Dreieck. Gelbe Flecke auf Brust. Körper mit Borsten. (s. S. 215)

Gryllus campestris: Nymphenstadium 1

Gryllus campestris: Nymphenstadium 2

Gryllus campestris: Nymphenstadium 3

Gryllus campestris: Nymphenstadium 4

Gryllus campestris: mittleres Nymphenstadium

Gryllus campestris: spätes Nymphenstadium

Gryllus campestris: vorletztes Nymphenstadium, Weibchen

Gryllus campestris: letztes Nymphenstadium, Männchen

Eumodicogryllus bordigalensis

Echte Grillen

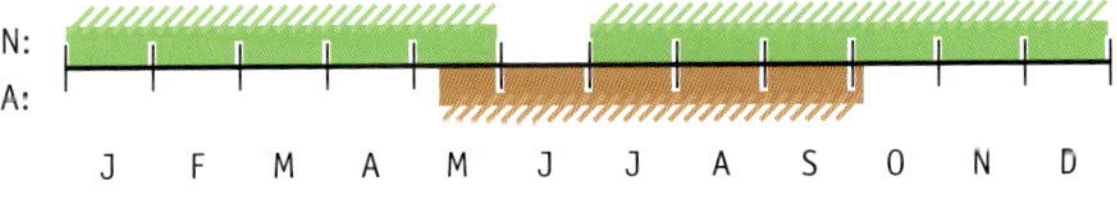

Südliche Grille
Le Grillon bordelais
Verge Cricket

Anzahl Jugendstadien: 8

Lebensraum: Warme, steinige Lebensräume wie Eisenbahnschotter oder Steinbrüche, Ödland
Verbreitung: Tessin, Regionen von Genf und Basel; stark in Ausbreitung

Merkmale der Nymphen

Grundfärbung: Gelbbraun bis schwarz, schwarze Nymphen v. a. im Herbst.
Kopf: Zwei breite, dunkelbraune bis schwarze Querbänder zwischen Augen und Fühlern, *dazwischen v. a. bei älteren und dunklen Nymphen ein weißes Band. Hinterkopf dunkler braun bis schwarz mit vier hellen Längsstrichen.*
Halsschild: Dunkelbraunes Band auf Seitenlappen oft etwas geschwungen, zum hinteren Ende hin schmaler. Oberseite mit zahlreichen braunen Flecken, *die zwei großen in der ersten Hälfte der Oberseite in den Umrissen nicht so klar definiert und mit dem Seitenfleck fein verbunden.*
Hinterschenkel: Mit diagonalen, in der Mitte unterbrochenen, braunen Bändern auf hellem Grund.
Rücken: Helle Mittellinie vom Halsschildende bis zum Hinterleibende braun gesäumt, Reihe brauner Flecke auf Körperseite.
Behaarung: Zahlreiche Borsten an Körper und Beinen.

Ähnliche Art
Acheta domesticus: Halsschild-Oberseite mit zwei großen, klar definierten, braunen Flecken, ohne Verbindung zu Längsbändern auf Seitenlappen. Halsschild-Hinterrand in Mitte mit braunem Dreieck. Dunkles Band auf Hinterkopf nicht durch helle Längsstreifen unterbrochen. (s. S. 208)

Eumodicogryllus bordigalensis: frühes Nymphenstadium

Eumodicogryllus bordigalensis: mittleres Nymphenstadium

Eumodicogryllus bordigalensis: mittleres Nymphenstadium

Eumodicogryllus bordigalensis: Nymphenstadium 6

Eumodicogryllus bordigalensis: Nymphenstadium 7, Männchen

Eumodicogryllus bordigalensis: Nymphenstadium 8, Weibchen

Gryllomorpha dalmatina

Echte Grillen

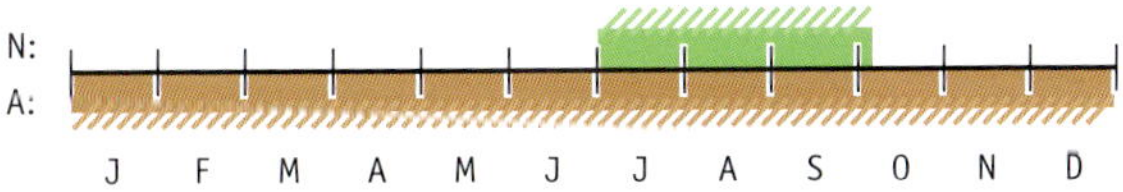

N:
A:
J F M A M J J A S O N D

Stumme Grille
Le Grillon des bastides
Common Crevice-cricket

Anzahl Jugendstadien: 6?

Lebensraum: Alte, lückige Steinmauern und Keller
Verbreitung: Tessin

Merkmale der Nymphen

Grundfärbung: Hellbraun oder ockerfarben.
Kopf: Zwei große, dunkle Flecke auf Scheitel, davor zwei Längsbinden mit Querverbindung (H-förmig), dunkles Querband am Hinterkopf.
Halsschild: *In der Mitte helle Kreuzfigur durch vier schwarze Flecke begrenzt*. Seitenlappen mit schwarzem Band am hinteren Rand. Hinterrand-Oberseite weiß mit dunklen Punkten.
Hinterschenkel: Auf Außen- und Innenseite drei schwarze Flecke.
Rücken: Weiße Mittellinie vom Halsschild bis zum Hinterleibende, beidseitig breit schwarz gesäumt, v. a. am Segmentende ausgeprägt. Auf Seite jeweils eine Reihe schwarzer Flecke in jedem Segment.
Hinterleib: Subgenitalplatte bei männlichen Nymphen abgerundet (bei adulten Männchen bugförmig erweitert).
Cerci: Lang, so lang wie Hinterschenkel.
Legeröhre: Gerade.
Wissenswertes: Die Art ist flügellos, eine Altersbestimmung ist deshalb schwierig. Ältere Weibchen lassen sich anhand der Legeröhre einer Altersklasse zuordnen.

Gryllomorpha dalmatina: mittleres Nymphenstadium

Gryllomorpha dalmatina: älteres Nymphenstadium

Gryllomorpha dalmatina: zweitletztes Nymphenstadium, Weibchen

Gryllomorpha dalmatina: letztes Nymphenstadium, Weibchen

Acheta domesticus

Echte Grillen

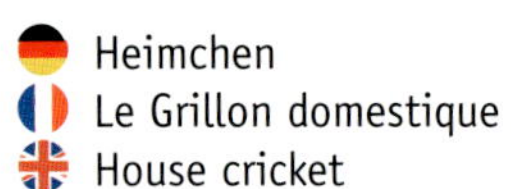

Heimchen
Le Grillon domestique
House cricket

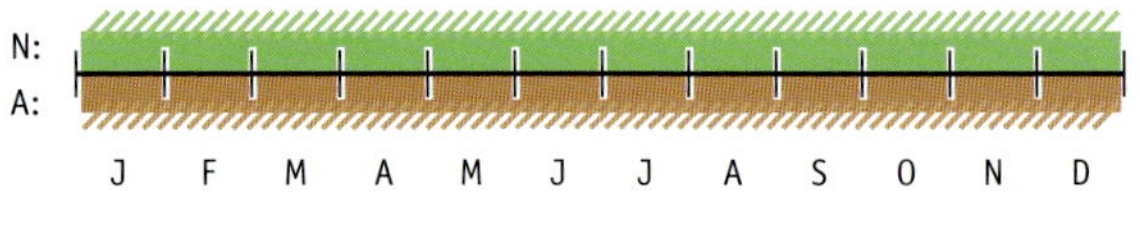

Anzahl Jugendstadien: 9–16

Lebensraum: Gebäude oder Mülldeponien
Verbreitung: Vereinzelt in der ganzen Schweiz; Gefangenschaftsflüchtlinge?

Merkmale der Nymphen

Grundfärbung: Gelbbraun bis rotbraun, fast schwarz.
Kopf: N1 dunkelbraun mit weißem Y, ab N3 mit dunkelbraunem Band zwischen Augen. Ältere Nymphen am Hinterkopf mit hellbraunem Querband.
Halsschild: N1 dunkelbraun, ab N3 Seitenlappen mit breitem, dunkelbraunem Längsband, *auf Oberseite mehrere braune Flecke, in erster Hälfte klar umrissenes, braunes Band, das nach außen in einer nach vorne geschwungenen Linie spitz ausläuft, Verbindung zum Längsband auf Seitenlappen fehlt. Hinterrand in der Mitte mit braunem Dreieck.*
Rücken: N1 mit weißer Mittellinie vom Scheitel bis zum Hinterleibende, braun gesäumt, auf Hinterleibseite eine Reihe brauner Flecke am Vorderrand der Segmente.
Hinterschiene: N1 bis N4 ohne ausgeprägte Dornen.
Behaarung: Körper und Beine mit Borsten.

Ähnliche Art

Eumodicogryllus bordigalensis: Braune Flecke auf Halsschild-Oberseite weniger klar umrissen und mit feiner Verbindung zum Längsband auf Seitenlappen. Brauner Fleck am Halsschild-Hinterrand tonnenförmig. (s. S. 201)

Acheta domesticus: Nymphenstadium 1

Acheta domesticus: Nymphenstadium 4

Acheta domesticus: Nymphenstadium 6

Acheta domesticus: älteres Nymphenstadium

Acheta domesticus: zweitletztes Nymphenstadium, Männchen

Acheta domesticus: letztes Nymphenstadium, Weibchen

Oecanthus pellucens

Echte Grillen

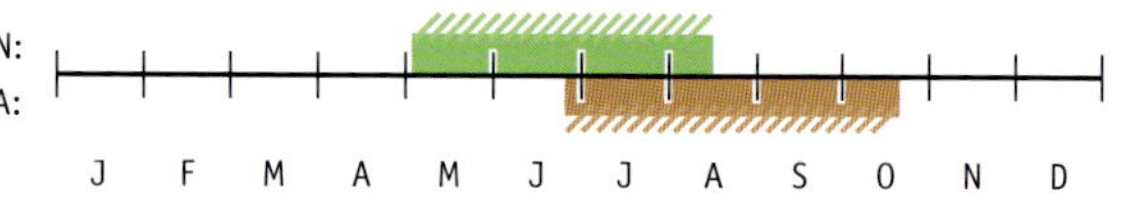

Anzahl Jugendstadien: 6

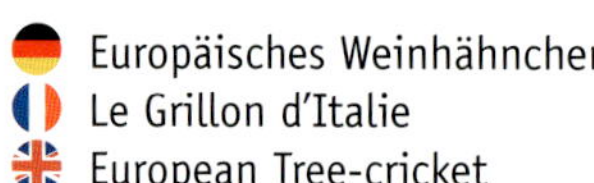

Europäisches Weinhähnchen
Le Grillon d'Italie
European Tree-cricket

Lebensraum: Verbuschte Trockenrasen, ehemalige Abbauflächen, Ruderalfluren
Verbreitung: Ganze Schweiz

Merkmale der Nymphen

Grundfärbung: Gelbbraun bis braun, Rücken dunkler.
Kopf: Fast waagerecht nach vorne gerichtet.
Rücken: Zuerst weinrot, dann braun, braune Doppellinie vom Scheitel bis zum Hinterleibende.
Legeröhre: Gerade, bei N6 leicht kürzer als Cerci.

Oecanthus pellucens: Nymphenstadium 1

Oecanthus pellucens: Nymphenstadium 5

Oecanthus pellucens: Nymphenstadium 6, Weibchen

Oecanthus pellucens: Nymphenstadium 6, Männchen

Nemobius sylvestris

Käfergrillen

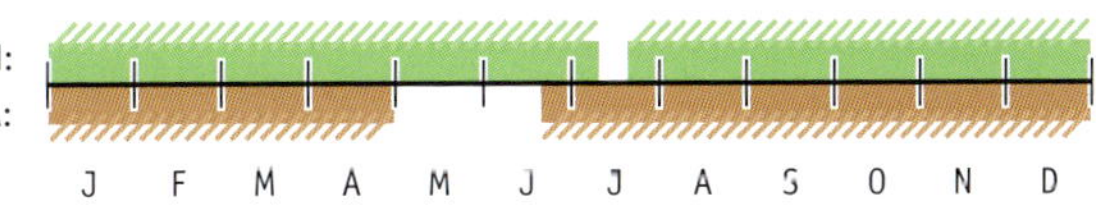

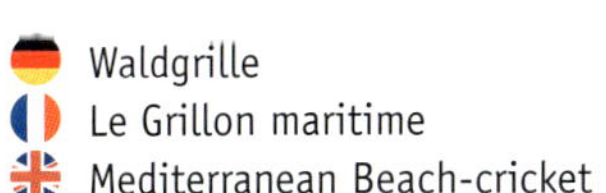

Waldgrille
Le Grillon maritime
Mediterranean Beach-cricket

Anzahl Jugendstadien: 8

Lebensraum: Besonnte Waldränder und -lichtungen sowie gebüschreiche Trockenrasen
Verbreitung: Ganze Schweiz

Cerci: So lang wie Kopf und Halsschild, mit langen Haaren.
Behaarung: Ganzer Körper und Beine mit Borsten.

Merkmale der Nymphen

Grundfärbung: Dunkelbraun bis schwarz, frühe Nymphen mit goldgelber Färbung auf Oberseite der Brust und des 1. Hinterleibgliedes.
Kopf: *Goldene Linien bilden nach vorne geöffnetes Fünfeck auf Scheitel.*
Halsschild: Gelbe Mittellinie vom Halsschild bis zum 1. Hinterleibglied, anschließend wird diese schwächer. Frühe Nymphen mit goldgelber Oberseite, Seitenlappen dunkelbraun. Ab N4 Halsschild dunkel, individuell verschieden treten Reste der goldgelben Färbung in Flecken auf (gilt auch für die Brust und das 1. Hinterleibglied).
Hinterschenkel: Gelbe Punkte auf Oberseite.

Ähnliche Arten

Gryllus campestris: Ohne gelbes Fünfeck auf Scheitel, gelbe Färbung bei frühen Stadien weniger ausgedehnt. Cerci bis N6 gelb. Ab N6 mit großem Kopf und Hinterbeine mit braunroter oder roter Färbung. (s. S. 196)
Pteronemobius heydenii: Ohne offenes, gelbes Fünfeck auf Scheitel. Cerci einheitlich dunkelbraun gefärbt. Helle Mittellinie von Scheitel bis Hinterleibende. (s. S. 219)

Nemobius sylvestris: frühes Nymphenstadium

Nemobius sylvestris: frühes Nymphenstadium

Nemobius sylvestris: mittleres Nymphenstadium

Nemobius sylvestris: Nymphenstadium 7, Männchen

Nemobius sylvestris: Nymphenstadium 8, Männchen

Pteronemobius heydenii

Käfergrillen

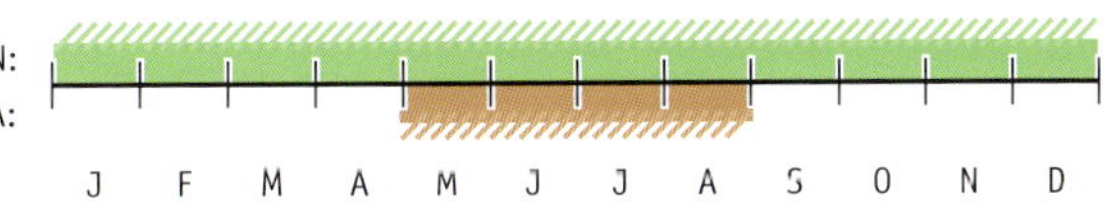

Sumpfgrille
Le Grillon des marais
Marsh-cricket

Anzahl Jugendstadien: 9

Lebensraum: Besonnte Feuchtgebiete, selten auch Halbtrockenrasen
Verbreitung: V. a. Mittelland und Tessin

Merkmale der Nymphen

Grundfärbung: Rotbraun bei jüngeren Stadien bis schwarz bei älteren Nymphen.
Halsschild: Zwei diffuse gelbe Streifen am Rand der Oberseite.
Hinterschenkel: Oberseite mit zwei gelben Punkten.
Rücken: Helle Mittellinie von der Stirn bis zum Hinterleibende. Ab N3 gelbe Punktreihe auf Hinterleibseite.
Cerci: So lang wie Kopf und Halsschild, mit langen Haaren, einheitlich gefärbt.
Behaarung: Ganzer Körper mit langen Borsten.
Wissenswertes: Überwintert (z. T.) im N8. Nymphen bis Ende Dezember beobachtet.

Ähnliche Arten

Nemobius sylvestris: Auf Scheitel mit gelbem Fünfeck. Cerci zumindest an Basis gelb. (s. S. 215)
Pteronemobius lineolatus: Halsschild auf der hinteren Hälfte weiß. Beine hellbeige. (s. S. 222)

Pteronemobius heydenii: frühes Nymphenstadium

Pteronemobius heydenii: mittleres Nymphenstadium

Pteronemobius heydenii: Nymphenstadium 8

Pteronemobius heydenii: Nymphenstadium 9, Weibchen

Pteronemobius lineolatus

Käfergrillen

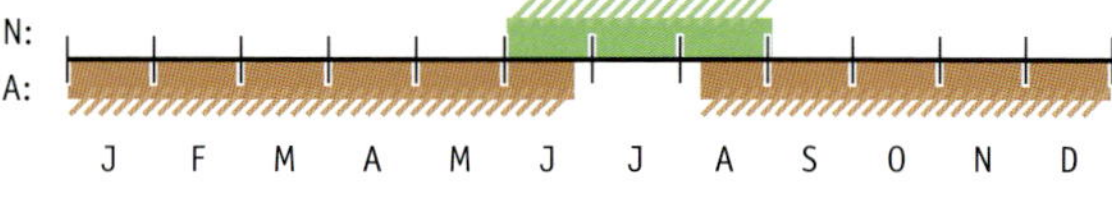

Anzahl Jugendstadien: 8?

Gestreifte Sumpfgrille
Le Grillon des torrents
Striped Marsh-cricket

Lebensraum: Steiniger Uferbereich von fließenden und stehenden Gewässern
Verbreitung: Maggiatal (TI)

Merkmale der Nymphen

Grundfärbung: Dunkelbraun bis schwarz, *Beine hellbeige*.
Kopf: Dunkelbraun bis schwarz, *Hinterkopf mit zwei hellen Längslinien auf der Seite, Taster der Mundwerkzeuge hellbeige*.
Halsschild: *Hintere Hälfte fast weiß, im letzten Stadium mit zwei hellen Flecken*, Seitenlappen dunkler, schwarz oder braunschwarz.
Hinterschenkel: *Basis hellbeige, Kniebereich braun gefleckt*.
Rücken: Weiße Mittellinie vom Halsschild bis zum Hinterleibende, am Hinterleib löst sich die Linie zu Punkten an den Gliederenden auf. Auf Hinterleibseite eine Reihe heller Flecke.
Cerci: Etwas länger als Kopf und Halsschild.
Behaarung: Ganzer Körper mit langen Borsten.

Ähnliche Arten

Pteronemobius heydenii: Grundfärbung rotbraun bis schwarz. Halsschild mit hellem Band auf der Seite. Beine einfarbig. Taster der Mundwerkzeuge dunkel. (s. S. 219)
Nemobius sylvestris: Gelbe Linien bilden auf Scheitel ein nach vorne offenes Fünfeck. Cerci zumindest an Basis gelb. (s. S. 215)

Pteronemobius lineolatus: zweitletztes Nymphenstadium, Männchen

Pteronemobius lineolatus: letztes Nymphenstadium, Weibchen

Gryllotalpa gryllotalpa

Maulwurfsgrillen

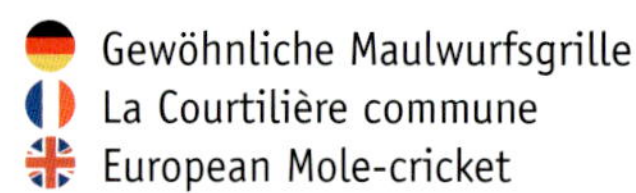

Gewöhnliche Maulwurfsgrille
La Courtilière commune
European Mole-cricket

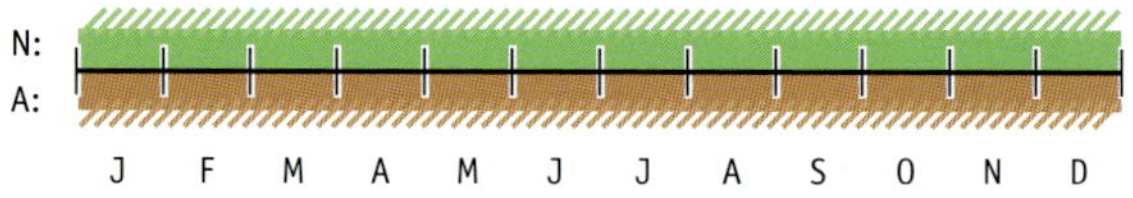

N:
A:
J F M A M J J A S O N D

Anzahl Jugendstadien: 10 (8)

Lebensraum: Feuchte, lockere Böden mit niedriger Vegetation
Verbreitung: Ganze Schweiz

Merkmale der Nymphen

Grundfärbung: N1 hellbraun, ab N2 dunkelbraun mit hellem Bauch.
Halsschild: Bei N1 breiter als lang, *ab N3 deutlich länger als breit, verlängerter Halsschild bildet mit Kopf kompakte Torpedoform.*
Beine: *Ab N3 1. Beinpaar funktionell als Grabbein,* 3. Beinpaar kräftig als Schreitbein.
Cerci: Lang und dünn.
Behaarung: Frühe Stadien an Körper und Extremitäten dicht behaart.

Wissenswertes

Brutpflege: Von März bis August erfolgt die Eiablage in einer faustgroßen Erdkugel in ca. 5–30 cm Bodentiefe. Über dem Nest werden die Wurzeln der Pflanzen abgefressen, sodass die Fläche vegetationsfrei wird und die Sonneneinstrahlung für die Embryonalentwicklung besser genutzt werden kann. Die Entwicklung im Ei dauert je nach Temperatur 10 Tage bis 6 Wochen. Die Weibchen schützen die Brut vor Feinden und durch Belecken vor Pilzbefall. Die Nymphen bleiben bis zum 3. Stadium im Nest.
Entwicklungsverlauf: Nymphen schlüpfen bereits ab Ende April. Im Sommer des Folgejahres werden sie ausgewachsen. Im Spätjahr schlüpfende Nymphen überwintern zweimal im Jugendstadium, einmal als Erwachsene und pflanzen sich im 4. Jahr fort.

Gryllotalpa gryllotalpa: Nymphenstadium 1

Gryllotalpa gryllotalpa: Nymphenstadium 2

Gryllotalpa gryllotalpa: Nymphenstadium 3

Gryllotalpa gryllotalpa: Nymphenstadium 6

Gryllotalpa gryllotalpa: Nymphenstadium 9

Gryllotalpa gryllotalpa: Nymphenstadium 10

Tetrix subulata

Dornschrecken

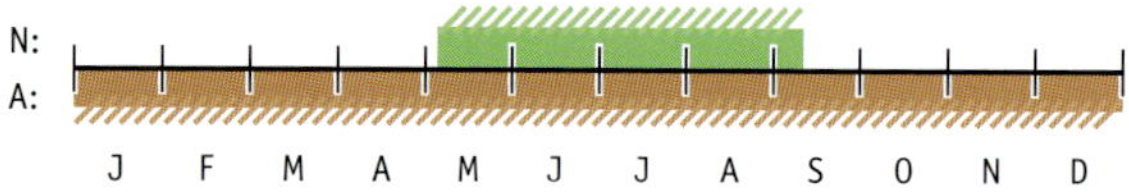

N:
A:

J F M A M J J A S O N D

Anzahl Jugendstadien: Männchen 5 / Weibchen 6

Säbel-Dornschrecke
Le Tétrix riverain
Slender Groundhopper

Lebensraum: Feuchtgebiete, Kies- und Lehmgruben, naturbelassene feuchte Feldwege
Verbreitung: Ganze Schweiz; in höheren Lagen selten

Merkmale der Nymphen

Grundfärbung: Hellbraun bis rotbraun.
Kopf: *Kopfgipfel überragt die Augen, Auge stärker dreieckig,* Fühler zur Spitze hin dunkler.
Halsschild: *Gleichmäßig leicht gebogen*, Mittelkiel erhöht, nicht zum Kopf hin verlängert. *Halsschild im Vergleich zu anderen Dornschrecken mit der geringsten Höhe, Schulterkiele lang, enden oft in der Nähe der oberen Vorderkiele.*

Ähnliche Art
Tetrix ceperoi: Grundfärbung variabel, oft mit Grünanteilen. Kopfgipfel überragt Augen nicht. Mittelschenkel leicht gewellt. (s. S. 232)

Tetrix subulata: Nymphenstadium 4, Männchen

Tetrix subulata: Nymphenstadium 5, Weibchen

Tetrix subulata: Nymphenstadium 5, Männchen

Tetrix subulata: Nymphenstadium 5, Männchen

Tetrix subulata: Nymphenstadium 6, Weibchen

Tetrix subulata: Nymphenstadium 6, Weibchen

Tetrix ceperoi

Dornschrecken

Westliche Dornschrecke
Le Tétrix des vasières
Sand Groundhopper

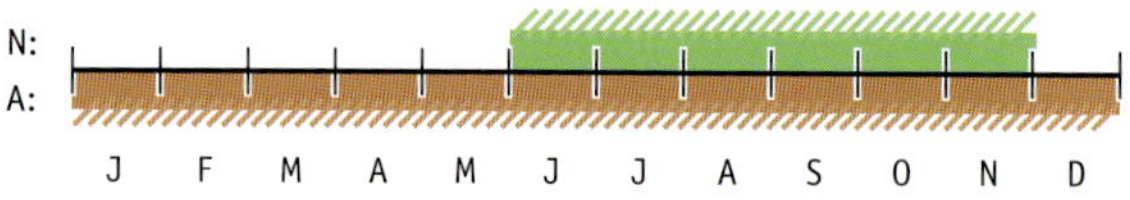

Anzahl Jugendstadien: Männchen 5 / Weibchen 6

Lebensraum: Warme Feuchtgebiete mit geringer Vegetation, oft in unmittelbarer Nähe von Seen
Verbreitung: Region Neuenburger-, Murten- und Bielersee, Umgebung von Genf

Merkmale der Nymphen

Grundfärbung: Sehr variabel, *Mosaik rotbrauner, schwarzer, weißer, grauer und grünlicher Farbflecke*.
Kopf: *Scheitel von oben betrachtet stumpf, nur Stirnrippe überragt Augen*, längste Fühlerglieder etwa 2-mal so lang wie breit.
Halsschild: Oberfläche körnig, Mittelkiel deutlich erhöht, Halsschild gleichmäßig leicht gebogen. Schulterkiel beginnt hinter oberem Vorderkiel. Breiter, schwarzer Fleck über Schulterzone reicht manchmal bis in Schulterzone hinein, an der Basis deutlich breiter als am oberen Ende.
Hinterschenkel: Mit zunehmendem Alter schlanker, Länge maximal 2,7-mal die Breite.
Beine: *Mittelschenkel mit leicht gewellter Unterseite*.

Ähnliche Art
Tetrix subulata: Grundfärbung einheitlicher, weniger mosaikartig. Kopfgipfel überragt die Augen. Schulterkiel endet oft nahe beim oberen Vorderkiel. Mittelschenkel-Unterseite nicht gewellt. (s. S. 228)

Tetrix ceperoi: Nymphenstadium 4

Tetrix ceperoi: Nymphenstadium 5

Tetrix ceperoi: Nymphenstadium 5, Männchen

Tetrix ceperoi: Nymphenstadium 6, Weibchen

Tetrix bipunctata

Dornschrecken

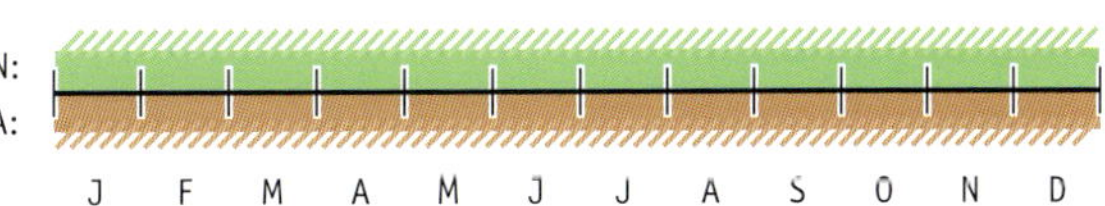

- Zweipunkt-Dornschrecke
- Le Tétrix à deux points
- Two-spotted Groundhopper

Anzahl Jugendstadien: Männchen 5 / Weibchen 6

Lebensraum: Trockenrasen und steinige Orte mit geringem Bewuchs
Verbreitung: Ganze Schweiz

Merkmale der Nymphen

Grundfärbung: Graubraun bis dunkelbraun, selten schwarz.
Kopf: *Fühlerglieder kräftig, kurz und breit,* Kopfgipfel abgerundet.
Halsschild: *Mittelkiel stark nach vorne gezogen, Vorderrand von oben betrachtet deutlich winklig, im ersten Viertel klar gewölbt*, Mittelkiel oft schwarz-weiß gezeichnet. Schwarze Flecke über der Schulterzone zum Kopf hin geneigt.
Hinterschenkel: 2-mal so lang wie breit.

Ähnliche Art
Tetrix depressa: Vorder- und Mittelschenkel mit gewellter Unterseite. Halsschild im vorderen Teil deutlich gewölbt, Halsschild-Vorderrand nicht winklig vorgezogen. Fühlerglieder feiner und länger. (s. S. 246)

Tetrix bipunctata: Nymphenstadium 5, Männchen

Tetrix bipunctata: Nymphenstadium 5, Weibchen

Tetrix tenuicornis

Dornschrecken

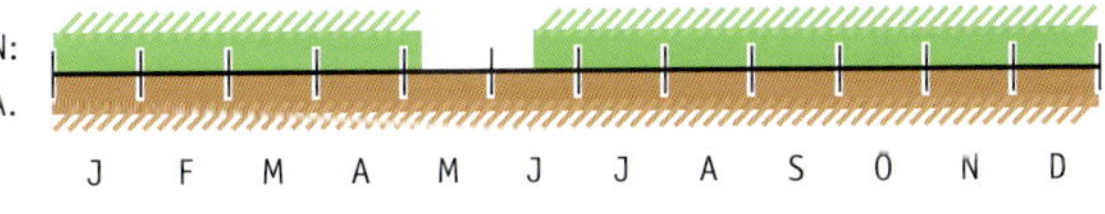

Langfühler-Dornschrecke
Le Tétrix longicorne
Long-horned Groundhopper

Anzahl Jugendstadien: Männchen 5 / Weibchen 6

Lebensraum: Warme, trockene Flächen mit spärlichem Bewuchs
Verbreitung: Ganze Schweiz

Merkmale der Nymphen

Grundfärbung: Variabel, braun, rotbraun, grau bis schwarz, zweifarbig weiß-grau, ab und zu marmoriert.
Kopf: Kopfgipfel überragt die Augen, *Auge mit zwei braunen Längsstreifen in der Mitte*. Fühlerglieder schmal und lang, je älter die Nymphen, desto feiner die Glieder, Länge aber geringer als dreifache Breite.
Halsschild: Im ersten Viertel stärker gewölbt, Vorderrand gerade oder höchstens leicht vorgezogen, Mittelkiel erhöht, abwechselnd hell-dunkel gezeichnet. Schwarze Flecke über Schulterzone sehr variabel, teils markant und groß, teils klein oder fast aufgelöst, ab und zu fehlend. *Schulterkiele kurz*, enden deutlich hinter oberen Vorderkielen.
Hinterschenkel: Oberkante meistens mit schwarz-weißem Muster, Länge geringer als dreifache Breite, bei älteren Nymphen aber z. T. recht schlank.

Ähnliche Art

Tetrix undulata: Hinterschenkel knapp 3-mal so lang wie breit. Fühler oft kräftiger. Mittelkiel höher. (s. S. 240)

Tetrix tenuicornis: Nymphenstadium 3, Männchen

Tetrix tenuicornis: Nymphenstadium 4, Männchen

Tetrix tenuicornis: Nymphenstadium 5, Weibchen

Tetrix tenuicornis: Nymphenstadium 6, Weibchen

Tetrix undulata Dornschrecken

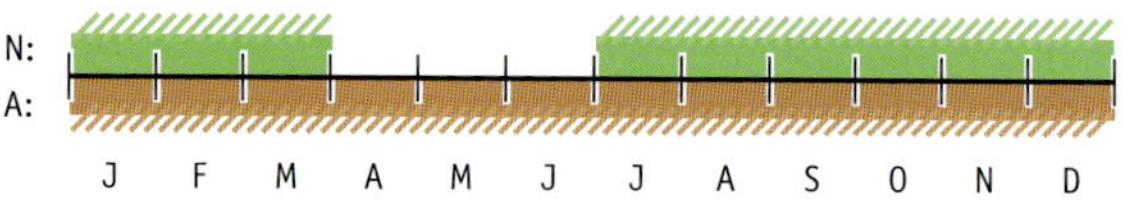

Anzahl Jugendstadien: Männchen 5 / Weibchen 6

Gemeine Dornschrecke
Le Tétrix forestier
Common Groundhopper

Lebensraum: Waldlichtungen, -ränder oder kurzrasige Juraweiden mit offenen, leicht feuchten Bodenstellen
Verbreitung: Jura und Mittelland

Merkmale der Nymphen

Grundfärbung: Grau bis braun, ab und zu marmoriert.
Kopf: *Kopfgipfel ragt stumpfwinklig über die Augen*, spitzer Winkel zwischen Scheitel und Stirn, Fühler schlank, längste Glieder doppelt so lang wie breit.
Halsschild: *Mittelkiel scharfkantig erhöht, über die ganze Länge leicht gewölbt*. Bei älteren Nymphen Vorderrand leicht winklig vorgezogen. Schwarzer Fleck über Schulterzone sehr variabel, Dreiecksform mit breiter Basis oder als geneigtes Band, manchmal fehlend. Schulterkiel beginnt deutlich tiefer und hinter oberem Vorderkiel.
Hinterschenkel: *Schlank, knapp 3-mal so lang wie breit, mit zunehmendem Alter schlanker.*

Ähnliche Art
Tetrix tenuicornis: Halsschild-Mittelkiel weniger stark erhöht, mit schwarz-weißer Musterung. Halsschild-Vorderrand gerade. Hinterschenkel breiter. (s. S. 237)

Tetrix undulata: Nymphenstadium 4

Tetrix undulata: Nymphenstadium 4

Tetrix undulata: Nymphenstadium 5, Männchen

Tetrix undulata: Nymphenstadium 6, Weibchen

Tetrix tuerki

Dornschrecken

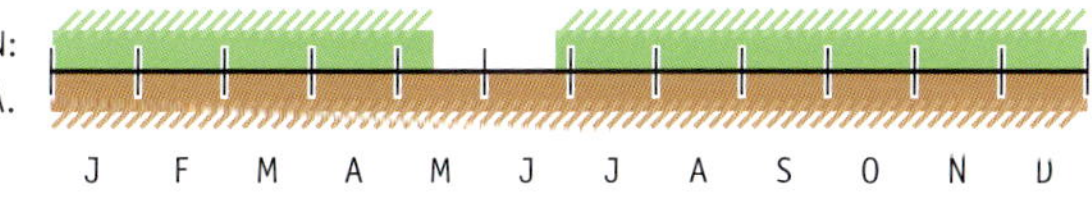

Anzahl Jugendstadien: Männchen 5 / Weibchen 6

Kiesbank-Dornschrecke
Le Tétrix des grèves
Alpine Groundhopper

Lebensraum: Kies- und Sandbänke naturbelassener Flüsse
Verbreitung: Sehr selten; stellenweise im Sense-Gebiet, an Kander (BE), Rhone (VS) und am Oberlauf des Rheins (GR)

Merkmale der Nymphen
Grundfärbung: Grau bis rotbraun, z. T. schwarz, oft marmoriert.
Kopf: Kopfgipfel überragt Augenvorderrand.
Halsschild: Vorderrand von oben betrachtet gerade, Mittelkiel erhaben, im ersten Viertel leicht gebogen, dann gerade, oft mit schwarz-weißer Zeichnung, Schulterkiele kurz.
Hinterschenkel: Breit, auf Oberkante oft schwarz-weiß gemustert.
Beine: *Vorder- und Mittelschenkel auf Unterseite gewellt.*

Tetrix tuerki: Nymphenstadium 3

Tetrix tuerki: Nymphenstadium 4, Weibchen

Tetrix tuerki: Nymphenstadium 5, Weibchen

Tetrix tuerki: Nymphenstadium 6, Weibchen

♀

Tetrix depressa

Dornschrecken

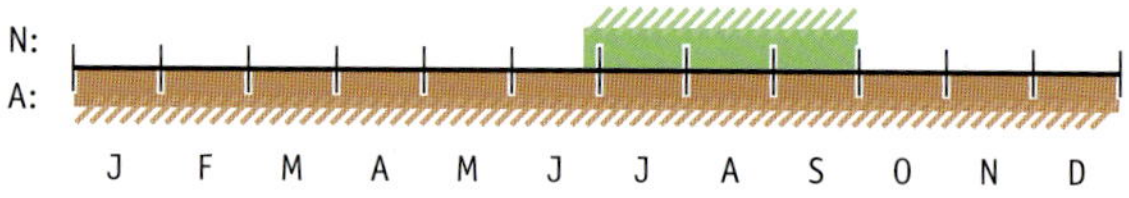

N:
A:
J F M A M J J A S O N D

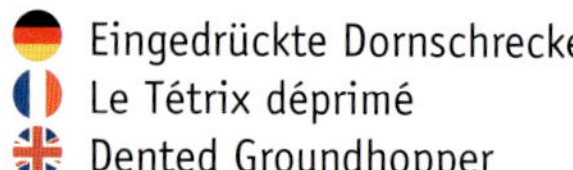

Eingedrückte Dornschrecke
Le Tétrix déprimé
Dented Groundhopper

Anzahl Jugendstadien: Männchen 5 / Weibchen 6

Lebensraum: Offenes Gelände mit steinigem Untergrund, Felsensteppe, oft in der Nähe von Feuchtstellen
Verbreitung: Wallis

Merkmale der Nymphen

Grundfärbung: Braun bis grau, ab und zu zweifarbig cremefarben-braun.
Kopf: Fühler schwarz-weiß geringelt, längste Fühlerglieder etwa 2-mal so lang wie breit. Kopfgipfel überragt mit Mittelkiel die Augen.
Halsschild: Oberfläche sehr runzelig, rau. *Mittelkiel erhaben,* namengebende Eindellung des Mittelkieles bei Nymphen noch nicht ausgebildet! *Ab frühen Jugendstadien Halsschild im vorderen Teil deutlich gewölbt.* Mittelkiel schwarz-weiß gemustert, schwarze Flecke auf Schulterzone bei älteren Nymphen meistens höher als breit, leicht zum Kopf hin geneigt.
Hinterschenkel: Oberkante schwarz-weiß gezeichnet.
Beine: *Vorder- und Mittelschenkel auf Unterseite gewellt.*

Ähnliche Art
Tetrix bipunctata: Halsschild-Vorderrand mit Mittelkiel stärker zum Kopf hin vorgezogen. Schenkelunterseite der ersten zwei Beinpaare nicht gewellt. Fühlerglieder kurz und breit. (s. S. 235)

Tetrix depressa: Nymphenstadium 2

Tetrix depressa: Nymphenstadium 2

Tetrix depressa: Nymphenstadium 4, Männchen

Tetrix depressa: Nymphenstadium 5, Weibchen

Tetrix depressa: Nymphenstadium 5, Weibchen

Tetrix depressa: Nymphenstadium 6, Weibchen

Podisma pedestris

Gebirgs- und Braunschrecken

- Gewöhnliche Gebirgsschrecke
- La Miramelle des moraines
- Common Mountain Grasshopper

N:
A:

J F M A M J J A S O N D

Anzahl Jugendstadien: 5

Lebensraum: Spärlich bewachsene Schuttfluren, Rohböden, Zwergstrauchheiden
Verbreitung: Voralpen und Alpen, selten im Jura

Merkmale der Nymphen

Grundfärbung: Grau, schwarzbraun bis gelb, mit vielen dunklen Punkten; Tiere im Hochgebirge schwarz.
Kopf: Rund, Auge braun mit hellen Flecken, *hinter den Augen gelb- oder weiß-schwarzes Band bis zum Halsschild, unter den Augen heller Streifen. Fühler bei N1 und N2 schwarz-weiß geringelt*, ältere Stadien mit braunen Fühlergliedern.
Halsschild: Zweigeteilt: *vorderer Teil des Seitenlappens mit ansteigendem, weißem Band, darunter dunkler Fleck, hinterer Teil mit dunklen Längsstrichen*. Ab N3 wird Halsschild länger und hinterer Teil breiter. Ab N4 wird *Mittelkiel* kurz nach der Mitte eingeschnürt, *die zugehörige Naht trennt die beiden Teile*. Ab und zu tritt vor der Mitte eine weitere Einschnürung auf.
Hinterschenkel: Hell mit zwei schwarzen Bändern auf Außen- und Innenseite, auf Außenseite oft undeutlich, Hinterknie meistens schwarz.
Hinterleib: Mit zahlreichen dunklen Punkten, v. a. am Hinterrand der Glieder.
Flügelanlagen: Dorsale Flügelanlagen schuppenartig, höchstens so lang wie ein Hinterleibglied.
Legeröhrenklappen: Ab WN4 sichtbar.
Behaarung: Rumpf und Beine stark behaart.

Ähnliche Arten
Melanoplus frigidus: Mit hellem, geknicktem Band auf Halsschildseite. (s. S. 253)
Psophus stridulus: N1 mit Ähnlichkeiten, aber Fühler nicht schwarz-weiß geringelt und mit weißer Spitze. (s. S. 288)

Podisma pedestris: Nymphenstadium 1

Podisma pedestris: Nymphenstadium 2

Podisma pedestris: Nymphenstadium 4

Podisma pedestris: Nymphenstadium 5, Weibchen

Melanoplus frigidus

Gebirgs- und Braunschrecken

(Bohemanella frigida)

N:
A:
J F M A M J J A S O N D

- Nordische Gebirgsschrecke
- La Miramelle des frimas
- High Mountain Grasshopper

Anzahl Jugendstadien: 5

Lebensraum: Niedriggrasige, steinige Alpwiesen mit Zwergsträuchern
Verbreitung: Wallis, Nordtessin und Graubünden

Merkmale der Nymphen

Grundfärbung: Grau, braunschwarz bis rotbraun oder schwarz, z. T. gelbgrün oder grün, mit dunklen Flecken.
Kopf: Rundlich, schwarzes Band vom Auge bis zum Halsschild, Wange hell, ab N4 in den Körperfarben. Braunes Auge mit punktförmigen, hellen Flecken. Fühler zuerst schwarz und leicht hell geringelt, Fühlerbasis bei älteren Nymphen hell und zur Spitze hin dunkel.
Halsschild: Helles, *oft gelbes Band vom Vorderrand der Seitenlappen aufsteigend und nach einem deutlichen Knick leicht abwärts oder waagerecht weiterlaufend und deutlich vor dem Hinterrand endend. Helles Band zumindest auf Oberseite mit breitem, schwarzem Saum. Hinterer Rand der Seitenlappen mit dunklen Längsstrichen.* Halsschild ab N3 länger, *Mittelkiel ab N4 hinter Mitte eingeschnürt.*
Hinterschenkel: Weiß mit zwei prägnanten, winkligen, schwarzen Bändern auf Außen- und Innenseite, Hinterknie schwarz.
Flügelanlagen: Dorsale Flügelanlagen mindestens so lang wie zwei Hinterleibglieder.

Ähnliche Art
Podisma pedestris: Ohne geknicktes, helles Band auf Halsschildseite. Dorsale Flügelanlagen kürzer. (s. S. 250)

Melanoplus frigidus (Bohemanella frigida): Nymphenstadium 1

Melanoplus frigidus (Bohemanella frigida): Nymphenstadium 2

Melanoplus frigidus (Bohemanella frigida): Nymphenstadium 4

Melanoplus frigidus (Bohemanella frigida): Nymphenstadium 5, Weibchen

Miramella alpina

Gebirgs- und Braunschrecken

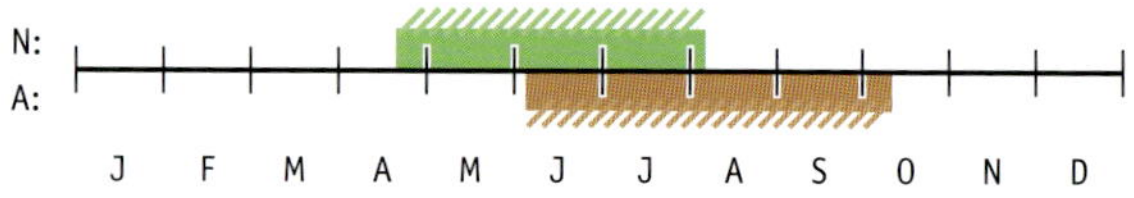

N: A: J F M A M J J A S O N D

Anzahl Jugendstadien: 5

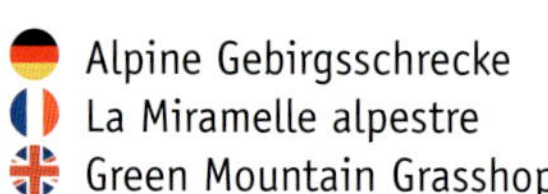

Alpine Gebirgsschrecke
La Miramelle alpestre
Green Mountain Grasshopper

Lebensraum: Feuchte Lebensräume mit mittelhohen Strukturen
Verbreitung: Jura, Voralpen und Alpen

Merkmale der Nymphen

Grundfärbung: Hellbraun über braungrün bis schwarzbraun, Körperseite schwarz, ab N4 häufig mit Grüntönen und unterschiedlichem Schwarzanteil.
Kopf: Rundlich, ab N1 z. T. mit dunklem Band hinter dem Auge. Fühler im Spitzenbereich schwarz, zur Basis hin deutlich heller.
Halsschild: Mit braunen Punkten und Strichen, selten ab N1 mit dunklem Längsband an Seitenlappen.
Hinterschenkel: *Mittelfeld mit zwei schwarzen Bändern*, dazwischen Aufhellung in Form eines liegenden V, zusätzlich heller Ring vor Hinterknie, Hinterknie schwarz. Hinterschenkel ab N4 vermehrt grün, zudem Unterkante ab und zu rot.
Rücken: Mit hellem Streifen vom Scheitel bis zum Hinterleibende.
Hinterleib: Ab N1 schwarze Seite v. a. bei Männchen sichtbar, schwarze Punkte v. a. am Hinterende der Glieder.
Legeröhrenklappen: Ab N4 sichtbar.

Ähnliche Arten
Nadigella formosanta: Dunkle Hinterschenkel-Bänderung reicht bis auf Oberkante. Frühe Stadien mit vollständig schwarzen Fühlern. Dorsale Flügelanlagen breiter. (s. S. 259)
Odontopodisma decipiens: Ohne Schwarz am Körper. Dorsale Flügelanlagen schuppenartig. (s. S. 262)
Podisma pedestris: Unter Auge helles Feld, das sich auf Halsschild-Seitenlappen fortsetzt. Hinterschenkel weiß mit zwei schwarzen Querstreifen. Fühler bei N1 und N2 schwarz-weiß geringelt. (s. S. 250)

Miramella alpina: Nymphenstadium 1

Miramella alpina: Nymphenstadium 3, Männchen

Miramella alpina: Nymphenstadium 4, Männchen

Miramella alpina: Nymphenstadium 5, Weibchen

Miramella formosanta

Gebirgs- und Braunschrecken

(Nadigella formosanta)

N:
A:

J F M A M J J A S O N D

- Tessiner Gebirgsschrecke
- La Miramelle tessinoise
- Generoso Mountain Grasshopper

Anzahl Jugendstadien: 5

Lebensraum: Büsche in feuchten Saumgesellschaften und Wiesen
Verbreitung: Tessin

Merkmale der Nymphen

Grundfärbung: Olivgrün, bei N1 noch mit vielen schwarzen Flecken, im Verlauf der Entwicklung werden diese immer kleiner, die Nymphen somit heller, ab N2 gelbgrün bis grün.
Kopf: Rundlich, Fühler schwarz mit weißen Ringen, ab N4 v. a. an Basis heller, schwarzes Längsband vom Auge bis zum Halsschild und evtl. weiter auf der Hinterleibseite, ab N5 durch einzelne Flecke angedeutet.
Halsschild: An Vorder- und Hinterrand der Seitenlappen mit dunklen Punkten und Strichen.
Hinterschenkel: *Mit zwei breiten, schwarzen, später braunen Bändern im Mittelfeld, v. a. auf Innenseite reichen diese Flecke bis zur Oberkante, in der Mitte und vor Hinterknie mit heller Binde,* mit zunehmendem Alter werden Hinterschenkel heller, grünlicher.
Rücken: Vom Scheitel bis zum Hinterleibende mit hellem Mittelstrich.
Hinterleib: Körperseite schwarz, ab N3 Auflösung in einzelne grüne Flecke.
Legeröhrenklappen: Ab N4 sichtbar.

Ähnliche Arten

Miramella alpina: Grundfärbung bei frühen Stadien mit verschiedenen Brauntönen. Schwarze Bänder auf Hinterschenkel im Mittelfeld konzentriert, dehnen sich nicht bis zur Oberkante aus. Dorsale Flügelanlagen kleiner. (s. S. 256)
Odontopodisma decipiens: Grundfärbung grün. Hinterleibseite nie schwarz. Fühler kurz. Hinterschenkel bei N1 mit schwarzen Punkten an Oberkante, ab N2 einheitlich grün gefärbt. Dorsale Flügelanlagen schuppenförmig. (s. S. 262)

Miramella formosanta (Nadigella formosanta): Nymphenstadium 1

Miramella formosanta (Nadigella formosanta): Nymphenstadium 3

Miramella formosanta (Nadigella formosanta): Nymphenstadium 4, Männchen

Miramella formosanta (Nadigella formosanta): Nymphenstadium 5, Männchen

Odontopodisma decipiens Gebirgs- und Braunschrecken

- Gewöhnliche Grünschrecke
- La Miramelle insubrienne
- Cheating Mountain Grasshopper

N:
A:
J F M A M J J A S O N D

Anzahl Jugendstadien: 5

Lebensraum: Büsche an Waldrändern, Hecken und Adlerfarnfluren
Verbreitung: Tessin

Merkmale der Nymphen

Grundfärbung: Grün, N1 mit dunklen Punkten an Körper und Beinen.
Kopf: Gerundet, mit großen, *ungefleckten Augen, Fühler hell-dunkel geringelt, kürzer als Höhe des Kopfes.*
Halsschild: Mittelkiel leicht erhöht, schwarzes Längsband auf Seitenlappen ab N5 sichtbar, dies gilt v.a. für männliche Nymphen.
Hinterschenkel: N1 mit schwarzen Punkten auf Oberkante, ab N2 vollständig grün.
Flügelanlagen: *Dorsale Flügelanlagen schuppenartig, klein.*
Legeröhrenklappen: *Lang und zugespitzt, ab N4 sichtbar.*
Behaarung: Körper und Beine behaart.

Ähnliche Arten
Miramella formosanta: Hinterschenkel schwarz mit hellen (grünen) Flecken in Mitte und vor Hinterknie. Dorsale Flügelanlagen größer. (s.S. 259)
Pezotettix giornae: N1 mit violettem Kopf und Hinterschenkeln. Helleres Grün mit zahlreichen dunklen Punkten. Auge mit weißen Flecken. Fühler kontrastreicher schwarz-weiß, kurz. (s.S. 265)

Odontopodisma decipiens: Nymphenstadium 1

Odontopodisma decipiens: Nymphenstadium 3

Odontopodisma decipiens: Nymphenstadium 4, Weibchen

Odontopodisma decipiens: Nymphenstadium 5, Weibchen

Pezotettix giornae

Gebirgs- und Braunschrecken

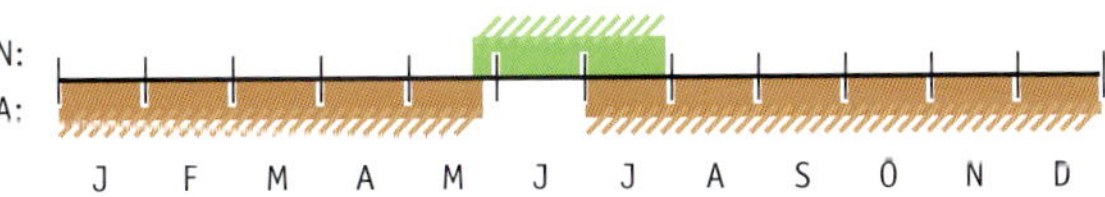

Anzahl Jugendstadien: 6

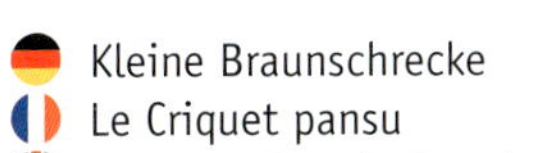

Kleine Braunschrecke
Le Criquet pansu
Common Maquis Grasshopper

Lebensraum: Hochgrasige Wiesen, Brombeerhecken, Waldränder
Verbreitung: Südtessin

Merkmale der Nymphen

Grundfärbung: *Hellgrün mit dunklen Punkten, N1 mit violettem Kopf und Hinterschenkeln,* ab N2 treten selten auch braungrüne und braune Individuen auf; diese mit kontrastreicherer Zeichnung.
Kopf: *Kurze Fühler hell-dunkel geringelt,* braune Augen stark hell gefleckt.
Halsschild: Mit ausgeprägtem, weißem Mittelkiel, Seitenlappen an Vorder- und Hinterrand mit waagerechten, dunklen Strichen.
Hinterschenkel: Oberkante mit dunklen Punkten, braune Individuen auf Außen- und Innenseite mit zwei dunklen, V-förmigen Bändern.
Behaarung: Körper leicht behaart (v. a. Extremitäten und Kopf).

Ähnliche Art
Odontopodisma decipiens: Auge ohne weiße Flecke. Körper nur schwach punktiert, dunklere Grüntöne, keine anderen Farbvarianten.
(s. S. 262)

Pezotettix giornae: Nymphenstadium 1

Pezotettix giornae: Nymphenstadium 2

Pezotettix giornae: Nymphenstadium 4

Pezotettix giornae: Nymphenstadium 5

Pezotettix giornae: Nymphenstadium 5

Pezotettix giornae: Nymphenstadium 6, Weibchen

Calliptamus italicus Schönschrecken

Italienische Schönschrecke
Le Caloptène italien
Common Pincer Grasshopper

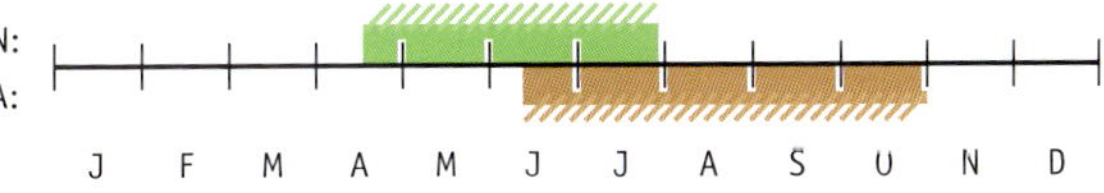

Anzahl Jugendstadien: 5

Lebensraum: Vegetationsarme, trockene Lebensräume
Verbreitung: Ganze Schweiz

Merkmale der Nymphen

Grundfärbung: N1 schwarz-weiß mit zwei Erscheinungsformen: (1) Kopf und Hinterleib schwarz, Brust und 1. Hinterleibsegment weiß. (2) nur Hinterseite der Halsschild-Seitenlappen mit weißem Dreieck, Rest schwarz. Weiße Flächen werden bei N2 braun, schwarze Körperteile heller. Ab N3 braun oder braunrot.
Kopf: Rundlich, Augen relativ groß, mit weißen Flecken, ab N5 mit senkrechter Bänderung, ab N2 mit schwarz-weiß (gelb)-schwarzem Band hinter Auge.
Halsschild: N1 weiß, selten nur auf Hinterseite der Seitenlappen weiß, Rest schwarz, N2 mit unterschiedlichem Weißanteil, oft mit schwarzen Flecken. Ab N3 Halsschildseite mit breitem, weiß-schwarz-weißem Längsband.
Hinterschenkel: Mit zwei breiten, schwarzen Querbändern auf Außen- und Innenseite, vorderes Band mit breiter Basis, weißes Band vor schwarzem Hinterknie.
Flügelanlagen: *Im letzten Nymphenstadium deutlich länger als Halsschild*, bei Männchen markanter als bei Weibchen.
Cerci: Bei Männchen ab N3 lang und nach innen gebogen.
Behaarung: N1 an Körper und Extremitäten stark behaart, ältere Nymphen mit geringerer Behaarung, diese v. a. auf Hinterbeine konzentriert.

Ähnliche Arten
Calliptamus barbarus: N1 mit weißem Dreieck an Hinterrand der Halsschild-Seitenlappen. Flügelanlagen bei N5 so lang wie Halsschild. (s. S. 273)
Calliptamus siciliae: Wie *C. barbarus*. (s. S. 276)

Calliptamus italicus: Nymphenstadium 1

Calliptamus italicus: Nymphenstadium 1

Calliptamus italicus: Nymphenstadium 2

Calliptamus italicus: Nymphenstadium 3, Männchen

Calliptamus italicus: Nymphenstadium 4, Weibchen

Calliptamus italicus: Nymphenstadium 5, Männchen

Calliptamus barbarus

Schönschrecken

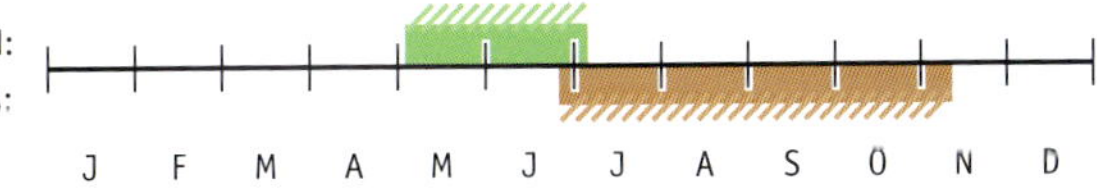

Costas Schönschrecke
Le Caloptène de Barbarie
Eurasian Pincer Grasshopper

Anzahl Jugendstadien: 5

Lebensraum: Felsensteppen und Randbereiche von Weinbaugebieten
Verbreitung: Berner Jurasüdfuß

Merkmale der Nymphen

Grundfärbung: N1 schwarz, ab N2 vermehrt schwarz-braun, z. T. auch rotbraun.
Kopf: Rundlich, weißes Band vom Auge bis zum Halsschild schwarz gesäumt, Auge mit weißen Flecken.
Halsschild: *N1 mit weißem Dreieck am Hinterrand der Seitenlappen*, dieses z. T. bis zu N3 leicht sichtbar, ab N2 gerader, weißer Seitenkiel.
Hinterschenkel: Zwei schwarze Querbänder auf Außen- und Innenseite, vorderes Band mit breiter Basis, weiß-schwarzes Band vor Hinterknie.
Beine: *Mittelschenkel mit zwei schwarzen Ringen.*
Flügelanlagen: *Im letzten Nymphenstadium so lang wie Halsschild.*
Cerci: Bei Männchen ab zweitletztem Nymphenstadium lang und im letzten Drittel nach innen gebogen.
Behaarung: Körper und Beine stark behaart.

Ähnliche Arten

Calliptamus italicus: N1 meistens mit weißer Brust und weißem 1. Hinterleibglied, Rest schwarz. Flügelanlagen in letztem Nymphenstadium länger als Halsschild. (s. S. 269)
Calliptamus siciliae: Einfachste Unterscheidung aufgrund der Verbreitung. (s. S. 276)

Calliptamus barbarus: Nymphenstadium 1

Calliptamus barbarus: Nymphenstadium 3

Calliptamus barbarus: Nymphenstadium 4, Weibchen

Calliptamus barbarus: Nymphenstadium 5, Männchen

Calliptamus siciliae

Schönschrecken

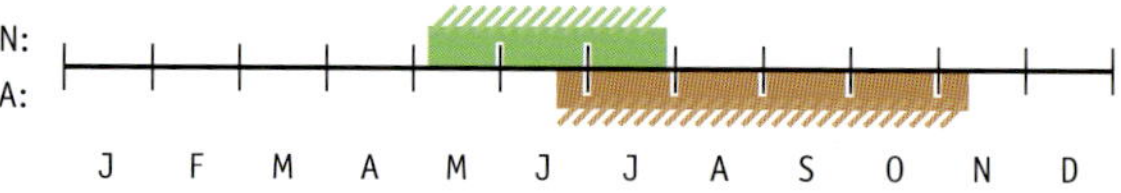

- Kleine Schönschrecke
- Le Caloptène sicilien
- Pygmy Pincer Grasshopper

Anzahl Jugendstadien: 5 (Männchen evtl. 4)

Lebensraum: Steinbrüche und Trockenrasen
Verbreitung: Südtessin und Bündner Südtäler

Merkmale der Nymphen

Grundfärbung: N1 schwarz, N2 mit Übergang zu brauner Färbung.
Kopf: Rundlich, mit großen Augen, Auge mit weißen Flecken.
Halsschild: N1: Hinterrand der Seitenlappen mit weißem Dreieck, dieses ab N2 etwas dunkler und marmoriert z. T. bis N4 als helles Feld sichtbar. Seitenlappen ab N4 oft mit schwarz-weißem Feld.
Hinterschenkel: Mit zwei breiten, schwarzen Querbändern auf weißem Grund, vorderes Band mit breiter Basis, weiß-schwarzes Band vor Hinterknie.
Beine: *Vordere Beine weiß mit dunklen Punkten*, ab N2 oft etwas dunkler.
Flügelanlagen: Im letzten Nymphenstadium so lang wie Halsschild.
Cerci: Bei Männchen ab zweitletztem Nymphenstadium lang und im letzten Drittel nach innen gebogen.
Behaarung: Ab N1 Körper und Beine stark behaart.

Ähnliche Arten

Calliptamus barbarus: Einfachste Unterscheidung aufgrund der Verbreitung. (s. S. 273)
Calliptamus italicus: Bei N1 meistens ganze Brust und 1. Hinterleibglied vollständig weiß. Flügelanlagen in letztem Nymphenstadium deutlich länger als Halsschild. (s. S. 269)

Calliptamus siciliae: Nymphenstadium 1

Calliptamus siciliae: Nymphenstadium 2

Calliptamus siciliae: zweitletztes Nymphenstadium, Männchen

Calliptamus siciliae: letztes Nymphenstadium, Männchen

Oedipoda caerulescens

Ödland- und Vogelschrecken

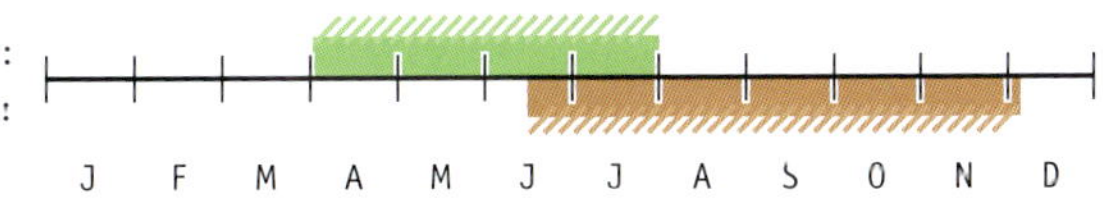

Anzahl Jugendstadien: Männchen 4 / Weibchen 5

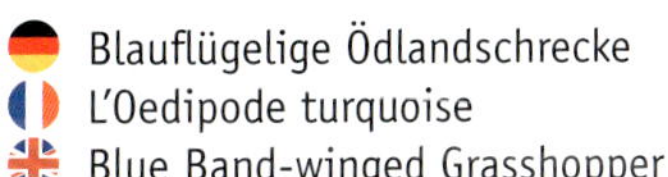

Blauflügelige Ödlandschrecke
L'Oedipode turquoise
Blue Band-winged Grasshopper

Lebensraum: Steinige Trockenrasen, Felsensteppen, Steinbrüche und Kiesgruben
Verbreitung: Ganze Schweiz

Merkmale der Nymphen

Grundfärbung: Frühe Stadien auf heller Basis dunkelbraun, grau oder seltener schwarz gefleckt, letzte Stadien variabler von Hellgrau über verschiedene Brauntöne bis Schwarz.
Kopf: Rund, helles Band von Fühlerbasis über Auge bis zu Halsschild, Auge mit weißen Flecken, unterhalb des Längsbandes oft dunkler.
Halsschild: Mittelkiel ausgeprägt, *ab N2 gekerbt*, Halsschild ab N2 verlängert, dadurch verlagert sich Kerbe vom letzten Drittel (N2) über die Mitte (N5) nach vorne. Mittelkiel nach Einschnürung leicht gewölbt. Vorder- und Hinterrand der Seitenlappen mit dunklen Längsstrichen und Flecken.
Hinterschenkel: Zwei schwarze Querbänder, auf Innenseite gut sichtbar, auf Außenseite schwächer, *knienahes Querband ab N2 im Mittelfeld oft fehlend*, *Oberkante* des *Hinterschenkels breit und ab N3 leicht gestuft (Oedipoden-Stufe)*.
Flügelanlagen: Bei N5 so lang wie Halsschild.

Ähnliche Arten

Oedipoda germanica: Frühe Stadien schwer zu unterscheiden. In der Regel kontrastreicher und dunkler gefärbt, Flecke kleiner. Auf Hinterschenkel-Außenseite dunkles Querband vor Hinterknie, im Mittelfeld stärker ausgeprägt. (s. S. 282)
Sphingonotus caerulans: N1: Hinterschenkel im letzten Drittel schwarz. Schwarzes Querband auf Hinterschenkel-Außenseite in Knienähe ausgeprägter. Halsschild-Mittelkiel ohne tiefe Einkerbung. Fühler hell-dunkel geringelt. Flügelanlagen bei N5 deutlich länger als Halsschild. (s. S. 285)

Oedipoda caerulescens: Nymphenstadium 1

Oedipoda caerulescens: Nymphenstadium 2

Oedipoda caerulescens: Nymphenstadium 4, Weibchen

Oedipoda caerulescens: Nymphenstadium 5, Weibchen

Oedipoda germanica

Ödland- und Vogelschrecken

Rotflügelige Ödlandschrecke
L'Oedipode rouge
Red Band-winged Grasshopper

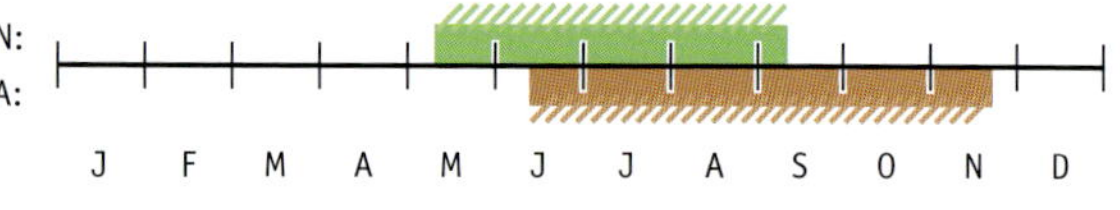

Anzahl Jugendstadien: 5

Lebensraum: Felsenheide, Stein- und Felsfluren mit geringer Vegetation
Verbreitung: Wallis, Tessin, Graubünden, Jurasüdfuß

Merkmale der Nymphen

Grundfärbung: Braun bis schwarz auf hellem Grund, Zeichnung kontrastreich.
Kopf: Rund, weißes Band von Fühlerbasis über Auge bis zu Halsschild, z. T. auf dem Halsschild weitergeführt, Auge mit weißen Flecken und unter weißem Band oft etwas dunkler.
Halsschild: Mittelkiel gut ausgebildet, ab N2 im letzten Drittel eingekerbt, im Zusammenhang mit der Verlängerung des Halsschildes (ab N2) verlagert sich die Einkerbung nach vorne bis ungefähr zum ersten Drittel. Mittelkiel nach der Einschnürung bei älteren Nymphen gerade, Halsschild-Seitenlappen am Vorder- und Hinterrand mit großen, schwarzen Flecken.
Hinterschenkel: Zwei schwarze Querbänder auf weißem Grund, auf *Außen- und Innenseite gut sichtbar*, weißer Ring vor Hinterschenkel, *Oberkante meistens weniger hoch*.

Ähnliche Arten

Oedipoda caerulescens: Unterscheidung der frühen Stadien schwierig. Grundfärbung eher grau oder rotbraun. Dunkle Nymphen mit größeren dunklen Flecken. Halsschild-Mittelkiel hinter der Einschnürung leicht gewölbt. Hinterschenkel-Oberkante breiter und Oedipoden-Stufe ab N3 stärker ausgeprägt. (s. S. 279)
Sphingonotus caerulans: Fühler hell-dunkel geringelt. Große, kugelige Augen. Halsschild-Mittelkiel nur mit leichter Einschnürung. Ohne Oedipoden-Stufe. Hinterschenkel bei N1 im letzten Drittel schwarz. (s. S. 285)

Oedipoda germanica: Nymphenstadium 1

Oedipoda germanica: Nymphenstadium 2

Oedipoda germanica: Nymphenstadium 4

Oedipoda germanica: Nymphenstadium 5, Männchen

Sphingonotus caerulans

Ödland- und Vogelschrecken

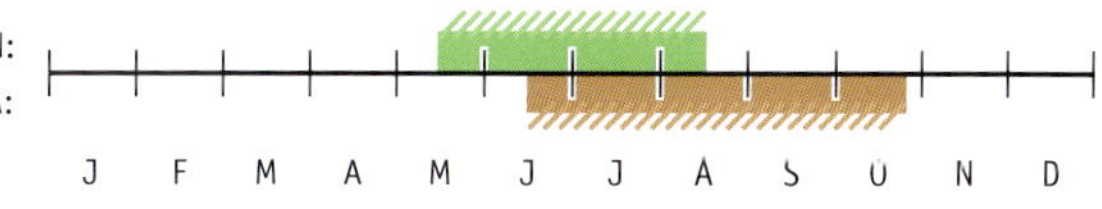

Anzahl Jugendstadien: 5

Blauflügelige Sandschrecke
L'Oedipode aigue-marine
Blue-winged Sand Grasshopper

Lebensraum: Offene Flächen: Flussufer, Kiesgruben und Steinbrüche
Verbreitung: Ganze Schweiz

Merkmale der Nymphen

Grundfärbung: Weiß, grau oder braun, mit dunklen Punkten.
Kopf: Scheitel rund, *große, kugelige Augen* mit weißen Flecken ab N2, *Augen relativ hoch am Kopf. Fühler ab N2 hell-dunkel geringelt*.
Halsschild: Seitenlappen mit zahlreichen Punkten, an Vorder- und Hinterrand größer. *Mittelkiel kaum erhöht* und mit *schwacher Einschnürung bei N3 in der Mitte, später vor der Mitte*. Halsschild ab N3 verlängert.
Hinterschenkel: *N1 im letzten Drittel inklusive Hinterknie schwarz*, N2: mit schwarzem Knie und zwei dunklen Querbändern, auf Innenseite stärker ausgeprägt, auf Außenseite ist das Band beim Hinterknie markanter, Oberkante der Hinterschenkel mit schwarzen Punkten.
Beine: Vorder- und Mittelbeine mit dunkler Bänderung v. a. im Bereich der Schiene.
Hinterleib: Mit dunklen Flecken.

Ähnliche Arten

Oedipoda caerulescens: N1 ohne tiefschwarzes letztes Drittel der Hinterschenkel. Halsschild-Mittelkiel ausgeprägt und ab N2 tief eingekerbt. Stufe auf Hinterschenkel ab N4 sichtbar. Augen unterhalb Mitte mit weißem Streifen. Fühler nicht geringelt. (s. S. 279)
Oedipoda germanica: N1 ohne tiefschwarzes letztes Drittel der Hinterschenkel, Halsschild-Mittelkiel gut ausgebildet und ab N2 eingekerbt. Fühler nicht geringelt. (s. S. 282)

Sphingonotus caerulans: Nymphenstadium 1

Sphingonotus caerulans: Nymphenstadium 2

Sphingonotus caerulans: Nymphenstadium 4

Sphingonotus caerulans: Nymphenstadium 5, Männchen

Psophus stridulus

Ödland- und Vogelschrecken

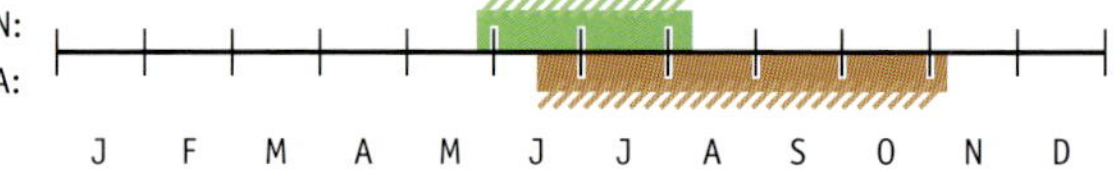

Rotflügelige Schnarrschrecke
L'Oedipode stridulante
Rattle Grasshopper

Anzahl Jugendstadien: 4 (5?)

Lebensraum: Trockenwarme, magere Wiesen und Weiden
Verbreitung: Jura, Voralpen und Alpen

Merkmale der Nymphen

Grundfärbung: Schwarz, grau oder rotbraun mit dunklen Punkten.
Kopf: Rundlich, ohne Scheitelgrübchen, Auge relativ klein, mit weißen Punkten. *N1 mit schwarz-weiß-schwarzer Maske*, die von Fühlerbasis über Auge bis zu Halsschild reicht, Maske bei älteren Nymphen schwächer, N1 unterhalb Auge mit weißem Feld. *Fühlerglieder zum Ende hin dunkler*, mit *weißer Spitze*.
Halsschild: *Leicht gewölbt*, Oberseite leicht nach vorne gezogen, Mittelkiel etwas erhöht, *ohne Einschnitt*. Ab N2 Halsschild länger.
Hinterschenkel: Mit zwei schwarzen Bändern, auf Innenseite stärker ausgeprägt als auf Außenseite, Hinterknie schwarz. Mit weißem Ring nahe Knie.
Flügelanlagen: Dorsale Flügelanlagen breit, bei MN4 so lang wie Halsschild, bei WN4 etwas kürzer.
Legeröhrenklappen: Bei WN4 gut sichtbar.

Ähnliche Art
Podisma pedestris: Frühe Jugendstadien ähnlich, aber mit schwarz-weiß geringelten Fühlern. (s. S. 250)

Psophus stridulus: Nymphenstadium 1

Psophus stridulus: Nymphenstadium 2

Psophus stridulus: Nymphenstadium 3, Männchen

Psophus stridulus: Nymphenstadium 4, Weibchen

Stethophyma grossum

Ödland- und Vogelschrecken

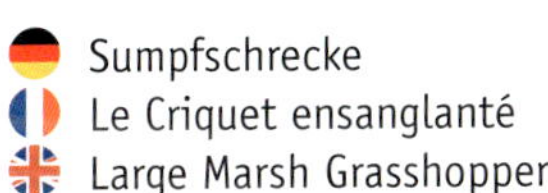

Sumpfschrecke
Le Criquet ensanglanté
Large Marsh Grasshopper

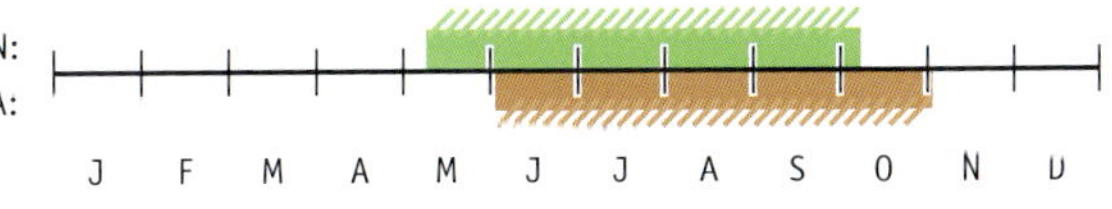

Anzahl Jugendstadien: 5

Lebensraum: Feuchtgebiete, auch leicht feuchte Fettwiesen
Vorkommen: Ganze Schweiz

Merkmale der Nymphen

Grundfärbung: Körperseiten braun bis gelbbraun, in höheren Lagen schwarzbraun. Rücken hellbraun mit vielen dunklen Punkten. Im letzten Nymphenstadium selten grüne Individuen, weibliche Nymphen ab und zu mit weinroten Flecken an Kopf, Brust, Hinterleib und Hinterschenkeln.
Kopf: Rund, hinter Augen breites, dunkles Band, darüber weiß, Aufhellungen unter Augen, Fühlerenden dunkler braun.
Halsschild: Seitenkiele weiß und leicht nach innen gebogen, auf Unterseite dunkelbraun gesäumt.
Hinterschenkel: *Mittelfeld dunkelbraun*, auf Innenseite heller Ring vor Hinterknie, Hinterknie oft schwarz. Im letzten Stadium Unterseite selten rot gefärbt.
Hinterschiene: *Unterhalb Knie mit weißem Ring.*
Hinterleib: *Auf Seite dunkelbraun, Männchen ab zweitletztem Nymphenstadium mit spitz ausgezogener Subgenitalplatte.*
Legeröhrenklappen: *Ab WN4 sichtbar.*

Ähnliche Art
Arcyptera fusca: Hinterschenkel-Innenseite mit zwei schwarzen Querbinden, Außenseite mit weißer Binde auf dunklem Grund. Seitenkiele nach innen verbreitert. Hinterleibseiten dunkelbraun. (s. S. 318)

Stethophyma grossum: Nymphenstadium 1

Stethophyma grossum: Nymphenstadium 2

Stethophyma grossum: Nymphenstadium 4, Männchen

Stethophyma grossum: Nymphenstadium 5, Weibchen

Mecostethus parapleurus

Ödland- und Vogelschrecken

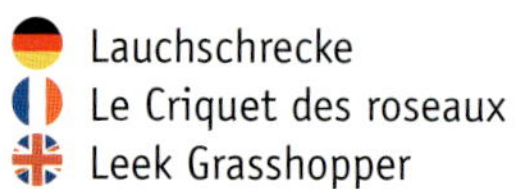

Lauchschrecke
Le Criquet des roseaux
Leek Grasshopper

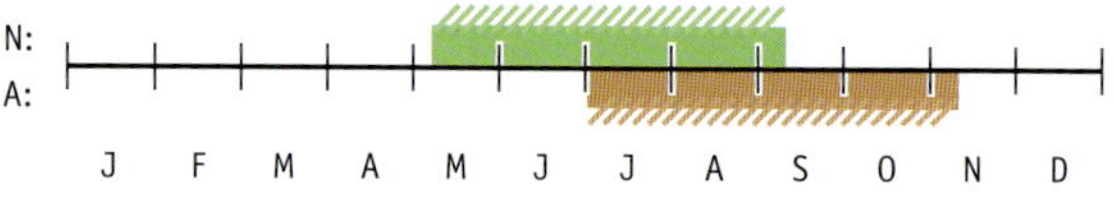

Anzahl Jugendstadien: 5

Lebensraum: Feuchte Wiesen, auch auf hochgrasigen Trockenrasen
Verbreitung: Ganze Schweiz in tieferen Lagen

Merkmale der Nymphen

Grundfärbung: Hellgrün, braungrün oder rotbraun, z. T. mit dunkelbraunen Punkten an Brust und Hinterleib.
Kopf: Auge mit weißen Flecken, gelbe Linie von Augenoberseite bis zu Halsschild, Fühler an Basis abgeflacht.
Halsschild: Seitenlappen an Vorder- und Hinterrand mit braunen Streifen, gilt v. a. für hellbraune Individuen. Ab N5 dunkles Band am oberen Rand der Seitenlappen.
Hinterschenkel: *Mittelfeld mit braunen Zeichnungen in den Vertiefungen des «Fischgrätenmusters».*
Beine: Dunkelbraune Punkte auf Gliedern des 1. und 2. Beinpaares, z. T. in Reihen angeordnet.
Rücken: *Braune Doppellinie vom Halsschild-Vorderrand bis zum Hinterleibende*, Rücken oft braun.
Hinterleib: *Subgenitalplatte ab MN4 spitz ausgezogen.*
Legeröhrenklappen: Ab WN4 sichtbar.

Mecostethus parapleurus: Nymphenstadium 2

Mecostethus parapleurus: Nymphenstadium 3

Mecostethus parapleurus: Nymphenstadium 4, Männchen

Mecostethus parapleurus: Nymphenstadium 5, Männchen

Acrotylus patruelis

Ödland- und Vogelschrecken

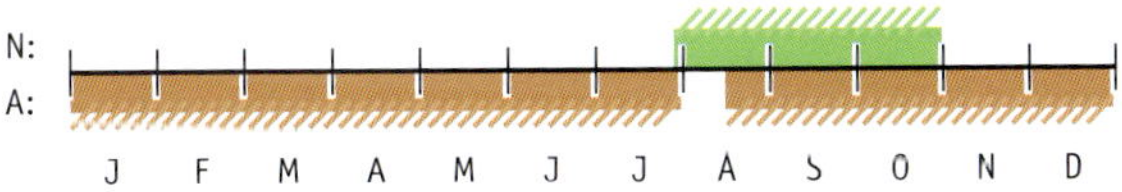

N:
A:

J F M A M J J A S O N D

Anzahl Jugendstadien: 5

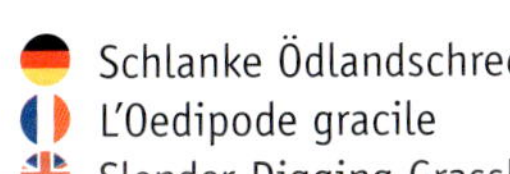

Schlanke Ödlandschrecke
L'Oedipode gracile
Slender Digging Grasshopper

Lebensraum: Steiniger Untergrund mit geringer Vegetation, Steinbrüche
Verbreitung: Südtessin

Merkmale der Nymphen

Grundfärbung: Frühe Nymphen gelbbraun mit brauner bis schwarzer Körperseite, Grundfärbung bei älteren Jugendstadien graubraun.
Kopf: Rund, hinter dem Auge verläuft ein dunkelbraunes Band zur Mitte des Halsschildes, Wange hell marmoriert. Ab N2 Auge mit weißen Flecken, *Augenmitte mit nach hinten ansteigender, weißer Längslinie*, untere Augenhälfte dunkler.
Halsschild: *Mittelkiel des Halsschildes mit zwei Querfurchen*. Seitenlappen bei frühen Stadien oben dunkel, unten hell, ab N3 in der ersten Hälfte der Seitenlappen *Längsbänderungen, die abwechselnd dunkel-hell-dunkel-hell sind, zweite Hälfte weiß marmoriert mit dunklem Längsband.*
Hinterschenkel: Innenseite mit zwei schwarzen Querbändern, Außenseite mit drei größeren schwarzen Flecken auf Oberseite.
Beine: Hell-dunkel geringelt.
Behaarung: *Körper und Beine stark behaart.*

Acrotylus patruelis: Nymphenstadium 1

Acrotylus patruelis: Nymphenstadium 2

Acrotylus patruelis: Nymphenstadium 4

Acrotylus patruelis: Nymphenstadium 5

Oedaleus decorus

Ödland- und Vogelschrecken

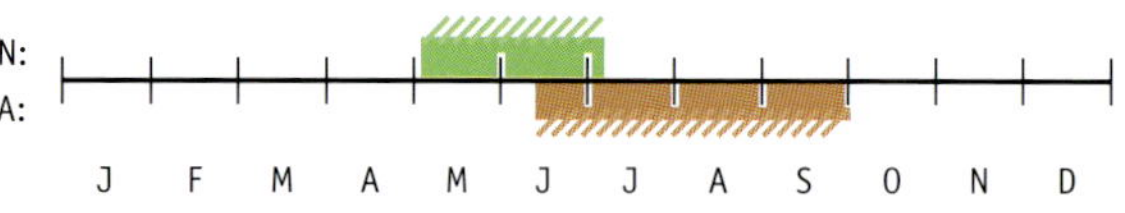

Anzahl Jugendstadien: 5

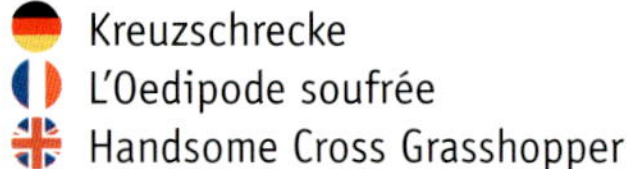
Kreuzschrecke
L'Oedipode soufrée
Handsome Cross Grasshopper

Lebensraum: Felsensteppe
Verbreitung: Selten; Mittelwallis

Merkmale der Nymphen

Grundfärbung: Braun oder grün.
Kopf: Rundlich, weißer Streifen mit schwarzem Saum verläuft von der Fühlerbasis über das Auge bis zum Halsschild. Fühler in oberer Hälfte dunkler.
Halsschild: *Vier weiße Linien auf Oberseite wie ein Kreuz angeordnet*, die vorderen Linien sind v.a. in frühen Jugendstadien deutlich länger als die hinteren. Die weißen Linien sind dunkel gesäumt. *Seitenlappen mit ansteigendem, hellem Längsband, darunter liegt im dunklen Feld ein weißer Punkt*. Mittelkiel deutlich ausgeprägt. Halsschild ab N3 verlängert.
Hinterschenkel: *Zwei schräg gestellte, breite, schwarz-weiße Streifen im unteren Mittelfeld*, bei N4 und N5 z.T. schwächer ausgebildet. Oberkante mit zwei schwarzen Bändern.
Hinterleib: Oberseite hellbraun, *Seite mit schräg gestellten, schwarz-weißen Streifen in jedem Glied*.

Oedaleus decorus: Nymphenstadium 2

Oedaleus decorus: Nymphenstadium 3

Oedaleus decorus: Nymphenstadium 4

Oedaleus decorus: Nymphenstadium 5, Männchen

Aiolopus thalassinus

Ödland- und Vogelschrecken

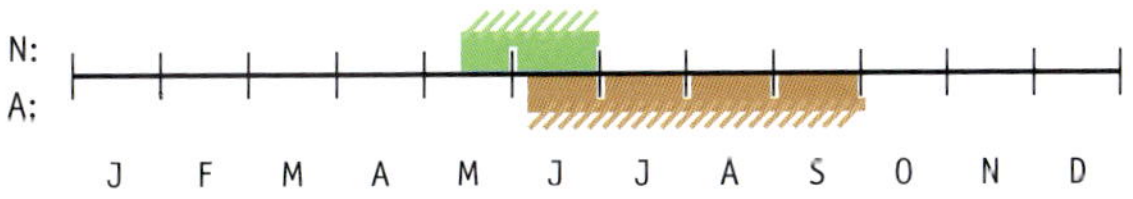

N:
A:
J F M A M J J A S O N D

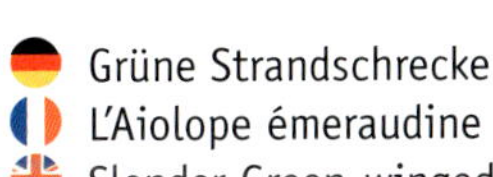

Grüne Strandschrecke
L'Aiolope émeraudine
Slender Green-winged Grasshopper

Anzahl Jugendstadien: 5

Lebensraum: Warme, feuchte Orte mit wenig Vegetation
Verbreitung: Südtessin, Genf, Nordwestschweiz

Merkmale der Nymphen

Grundfärbung: Ab N1 grün oder braun, Farbmuster sehr variabel. Spätestens *ab N3 grüne Individuen mit violetten Farbtönen.*
Kopf: Rundlich, braunes Auge mit weißen Flecken.
Halsschild: Braune Individuen mit geknickten Seitenlinien, Maximum im zweiten Fünftel. Braune Individuen mit dunklen Strichen an Vorder- und Hinterrand der Seitenlappen, dazu verstreut dunkle Punkte. Grüne Individuen ohne Seitenlinien, aber z. T. mit dunklen Punkten und Strichen.
Hinterschenkel: Braune und grünbraune Individuen mit zwei schwarzen Querbändern auf Außen- und Innenseite.
Rücken: Vielfach mit heller Mittellinie vom Scheitel bis zum Hinterleibende. Grüne Individuen oft mit braunem Längsband von unterschiedlicher Länge, manchmal auch mit violetten Verfärbungen oder einem hellen Band.

Ähnliche Arten

Aiolopus strepens: Im Nymphenstadium lassen sich nur Individuen mit violetter Färbung *A. thalassinus* zuordnen. Breite der Hinterschenkel in Relation zur Länge ist kein verlässliches Unterscheidungsmerkmal. Unterscheidung am besten durch jahreszeitliches Auftreten der Nymphen und Lebensraum. (s. S. 306)
Epacromius tergestinus: Rücken beige oder rotbraun mit dunklen Punkten. Grüne Individuen mit zahlreichen dunklen Punkten v. a. am Halsschild. Braune Nymphen auf Hinterschenkel-Innenseite mit zwei markanten, dunklen Querstreifen auf weißem Grund. (s. S. 309)

Aiolopus thalassinus: Nymphenstadium 1

Aiolopus thalassinus: Nymphenstadium 3

Aiolopus thalassinus: Nymphenstadium 4

Aiolopus thalassinus: Nymphenstadium 5, Weibchen

Aiolopus strepens

Ödland- und Vogelschrecken

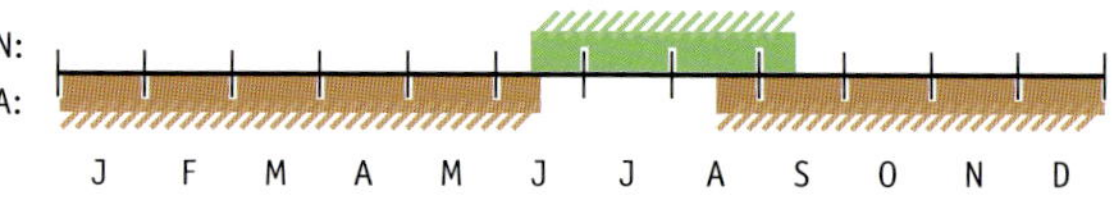

Anzahl Jugendstadien: 5

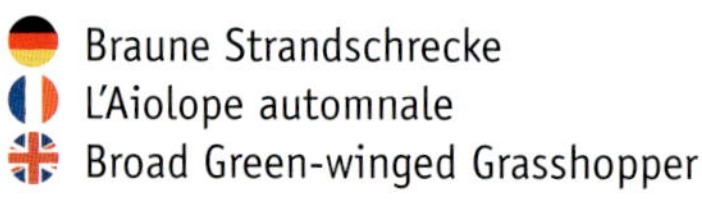

Braune Strandschrecke
L'Aiolope automnale
Broad Green-winged Grasshopper

Lebensraum: Wechselfeuchte bis trockene Wiesen und Ödland
Verbreitung: Tessin, Südwestschweiz

Merkmale der Nymphen

Grundfärbung: Gelbgrün bis grün oder rotbraun bis dunkelbraun, hellgrüne und braune Nymphen mit zahlreichen dunklen Punkten.
Kopf: Rundlich, Auge mit weißen Flecken.
Halsschild: Seitenlinie bei braunen Tieren im ersten Viertel geknickt, Halsschild ab N3 verlängert.
Hinterschenkel: Braune Individuen mit zwei dunklen Querbändern, auf Innenseite stärker ausgebildet.
Rücken: Bei grünen Individuen braun bis weißlich mit braunen Punkten, Ausdehnung vom Scheitel, z. T. erst vom Halsschild, bis zum Hinterleibende.

Ähnliche Art
Aiolopus thalassinus: Lässt sich im Nymphenstadium nur bei Individuen mit violetter Färbung von *A. strepens* unterscheiden. Die Breite der Hinterschenkel in Relation zur Länge ist kein Unterscheidungsmerkmal. Unterscheidung am besten durch jahreszeitliches Auftreten der Nymphen und Lebensraum. (s. S. 303)

Aiolopus strepens: Nymphenstadium 2

Aiolopus strepens: Nymphenstadium 3

Aiolopus strepens: Nymphenstadium 4

Aiolopus strepens: Nymphenstadium 5, Weibchen

Epacromius tergestinus

Ödland- und Vogelschrecken

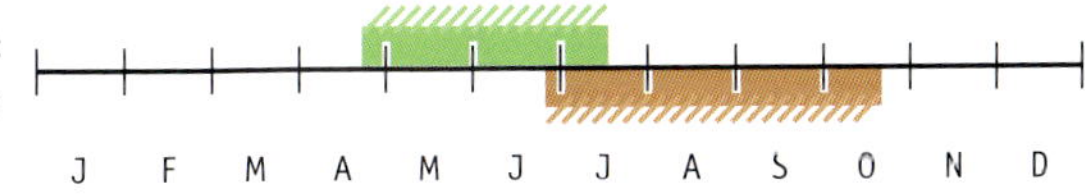

Fluss-Strandschrecke
L'Oedipode des torrents
River Blue-legged Grasshopper

Anzahl Jugendstadien: 4

Lebensraum: Feuchte Ufer von frei fließenden Flüssen mit Ufer-Reitgras und Deutscher Tamariske
Verbreitung: Sehr selten; Mittelwallis

Merkmale der Nymphen

Grundfärbung: Braun, rötlich braun, grau oder schwarz, seltener grün (ab N2).
Kopf: *Rundlich,* marmoriert.
Halsschild: Ohne Seitenkiele, schwarze und braune Individuen mit weißen Seitenlinien, die im ersten Drittel geknickt sind, Seitenlappen mit breiten, braunen Linien am Vorder- und Hinterrand. Grüne Individuen mit zahlreichen dunklen Punkten.
Hinterschenkel: Braune, graue oder schwarze Individuen mit *zwei dunklen Querbändern, auf Innenseite sehr markant, weißer Ring vor dunklem Hinterknie*. Grüne Individuen mit zahlreichen schwarzen Punkten v. a. auf Außenseite.
Rücken: *Vom Scheitel bis zum Hinterleibende mit beigem oder rötlich braunem Band.*
Körperseite: Obere Körperseite vom Halsschild bis zum Hinterleibende dunkel, dieses Muster fehlt bei grünen Individuen.
Flügelanlagen: Bei N4 deutlich länger als Halsschild.

Ähnliche Arten

Aiolopus thalassinus: Braune Individuen mit ausgeprägten, geknickten Seitenlinien auf Halsschild. Rücken der grünen Nymphen mit verschiedenen Brauntönen (dunkel bis sehr hell) oder violetter Färbung. Flügelanlagen bei N5 deutlich länger als Halsschild. (s. S. 303)
Chorthippus pullus: Seitenkiele kurz vor Mitte geknickt. Kopf im vorderen Scheitelbereich weniger stark gerundet. Hinterleib oft mit gelb-schwarzer Seitenlinie. Flügelanlagen im letzten Stadium so lang wie Halsschild. (s. S. 382)

Epacromius tergestinus: Nymphenstadium 1

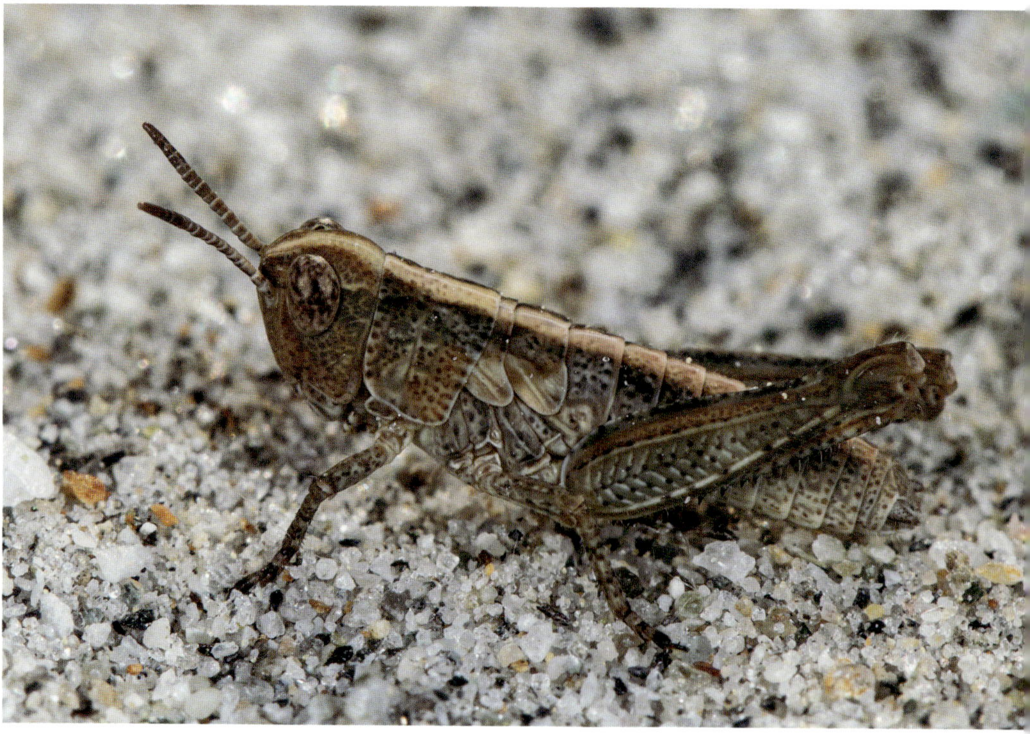

Epacromius tergestinus: Nymphenstadium 2

Epacromius tergestinus: Nymphenstadium 3

Epacromius tergestinus: Nymphenstadium 4, Männchen

Locusta migratoria

Ödland- und Vogelschrecken

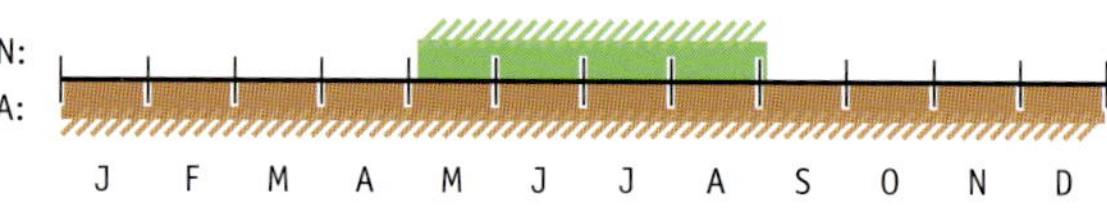

Anzahl Jugendstadien: 5

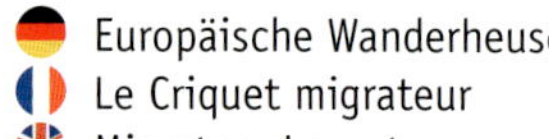

Europäische Wanderheuschrecke
Le Criquet migrateur
Migratory Locust

Lebensraum: Feuchtgebiete und vegetationsarme Fluss- und Seeufer
Verbreitung: Südtessin

Merkmale der Nymphen

Grundfärbung: Einheitlich grün oder grau-braun marmoriert und mit zahlreichen schwarzen Punkten.
Kopf: Auge mit hellen Flecken, *Kopf meistens mit hellem Band von Fühlerbasis über Auge bis zu Halsschild*, das Band ist dunkel gesäumt. Bei braunen, z. T. auch bei grünen Individuen zieht zudem ein breites, helles Längsband über und unter dem Auge durch und setzt sich auf dem Halsschild fort, das untere Band reicht bis zum Halsschild-Hinterende. Fühler zur Spitze hin dunkler.
Halsschild: *Gewölbt, Mittelkiel bei N2 im letzten Drittel und bei N3 kurz nach der Mitte eingekerbt. Grüne Individuen mit schwarzem oder beigem Mittelkiel*, Halsschild ab N3 verlängert.
Hinterschenkel: Innenseite z. T. mit schwarzen Querbändern.
Legeröhrenklappen: Bei WN5 sichtbar.

Locusta migratoria: Nymphenstadium 2

Locusta migratoria: Nymphenstadium 3

Locusta migratoria: Nymphenstadium 4, Männchen

Locusta migratoria: Nymphenstadium 5, Weibchen

Anacridium aegyptium

Ödland- und Vogelschrecken

Ägyptische Vogelschrecke
Le Criquet égyptien
Egyptian Bird Grasshopper

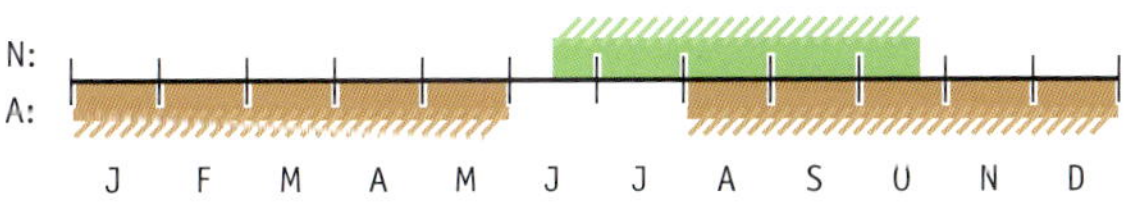

Anzahl Jugendstadien: 5

Lebensraum: Heiße, trockene Lebensräume mit lockerem Busch- und Baumbestand, Steinbrüche
Verbreitung: Südtessin, Rhonetal

Merkmale der Nymphen

Grundfärbung: Meistens grün, ab N3 auch gelb oder bräunlich. N1 und N2 mit vielen dunklen Punkten an Rumpf und Beinen, in den folgenden Stadien verblassen diese Punkte.
Kopf: *Augen ab N3 senkrecht hell-dunkel gestreift, hinten blau*. Vom Augenhinterrand verläuft ein dunkles Band nach unten zu den Mundwerkzeugen.
Halsschild: Ab N3 dorsal verlängert, *gelber Mittelkiel deutlich gewölbt mit drei Querfurchen, Seitenlappen an der Basis und am Hinterrand mit weißen Punkten*, auf der Oberseite mit schwarzen Punkten.
Hinterschenkel: Oberkante zuerst grün, dann *gelb mit schwarzen Punkten*.

Anacridium aegyptium: Nymphenstadium 1

Anacridium aegyptium: Nymphenstadium 3

Anacridium aegyptium: Nymphenstadium 4, Weibchen

Anacridium aegyptium: Nymphenstadium 5, Weibchen

♂

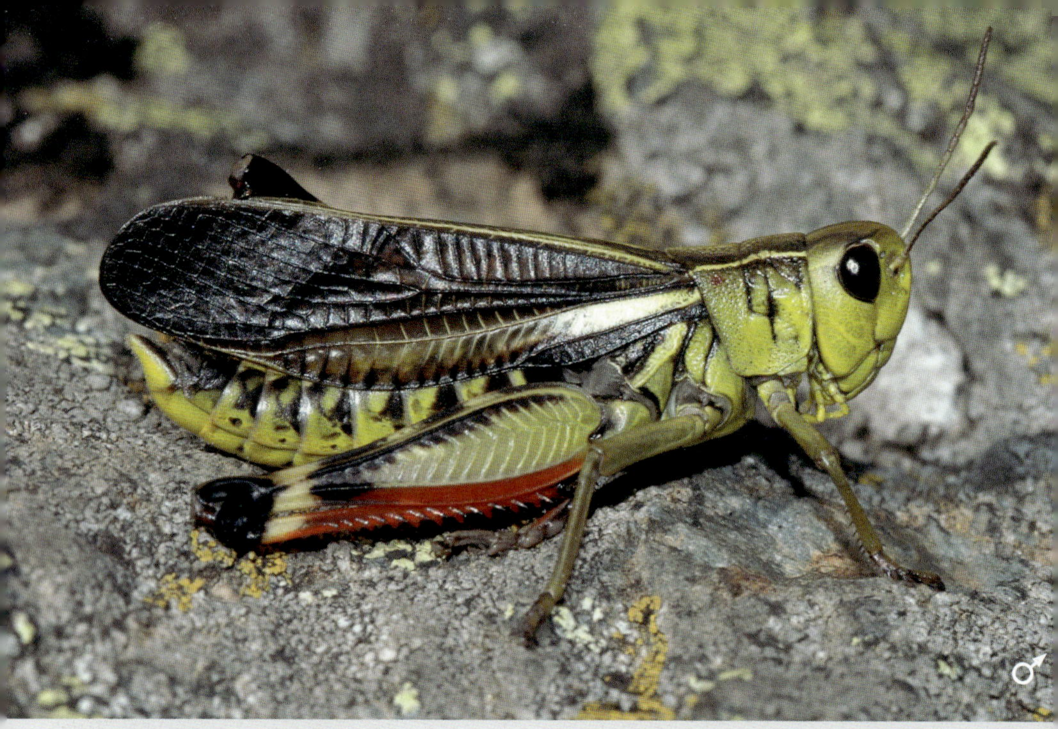

Arcyptera fusca

Grashüpfer

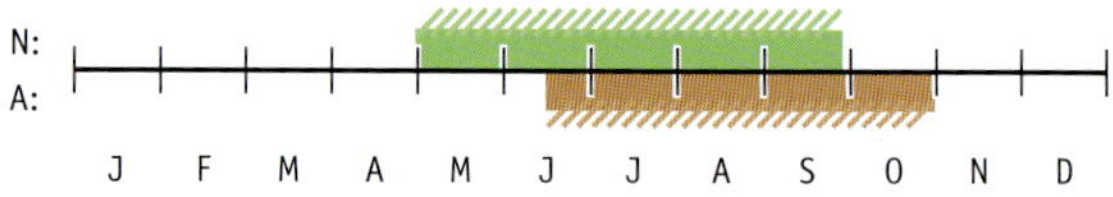

N:
A:
J F M A M J J A S O N D

Große Höckerschrecke
L'Arcyptère bariolée
Large Banded Grasshopper

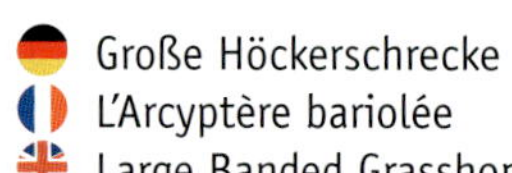

Anzahl Jugendstadien: 5

Lebensraum: Trockenwarme, extensiv genutzte Bergwiesen und -weiden
Verbreitung: Alpen, v. a. Wallis

Merkmale der Nymphen

Grundfärbung: Hellbraun bis schwarzbraun, marmoriert, ab N5 vermehrt gelb oder gelbbraun.
Kopf: Rundlich, Fühler zur Spitze hin dunkler.
Halsschild: Seitenkiele hell, leicht nach innen gebogen oder *nach innen verbreitert*. Seitenkiele auf der Innenseite mit schwarzem Saum, dieser mit zunehmendem Alter breiter. Seitenlappen an Vorder- und Hinterrand mit waagerechten, dunklen Linien.
Hinterschenkel: *Aufhellung vor Hinterknie*, dies gilt auch für Hinterschiene. Innenseite mit zwei breiten, schwarzen Querbändern, Außenseite dunkel mit weißem Band, Hinterknie dunkel (schwarz). N5 mit gelben Aufhellungen vor Hinterknie, Hinterschenkel-Unterkante und Schiene leicht rötlich.
Hinterleib: Schräg gestellte, weiße Linie in jedem Segment trennt dunkle Seite von hellerem Rücken. Subgenitalplatte bei MN5 spitz ausgezogen.

Ähnliche Art
Stethophyma grossum: Hinterleibseite dunkelbraun. Hinterschenkel auf Außen- und Innenseite dunkelbraun bis schwarz. Legeröhrenklappen ab WN3 gut sichtbar. (s. S. 291)

Arcyptera fusca: Nymphenstadium 1

Arcyptera fusca: Nymphenstadium 2

Arcyptera fusca: Nymphenstadium 4

Arcyptera fusca: Nymphenstadium 5, Weibchen

Euthystira brachyptera Grashüpfer

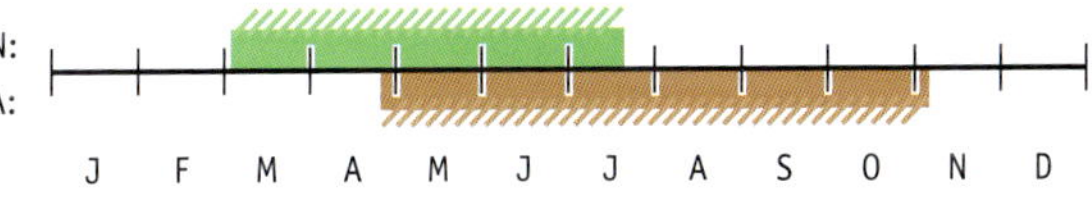

Kleine Goldschrecke
Le Criquet des genévriers
Small Gold Grasshopper

Anzahl Jugendstadien: 4

Lebensraum: Breites Spektrum feuchter bis trockener Lebensräume mit hohem Gras
Verbreitung: Ganze Schweiz

Merkmale der Nymphen

Grundfärbung: Hellbraun, auf Körperseite auch dunkelbraun, ab N2 vermehrt hellgrün.
Kopf: *Scheitelgrübchen fehlen, Kopfgipfel spitzwinklig*, Augen groß, Fühler an Basis abgeflacht.
Halsschild: Seitenkiele weiß, gerade; ausgeprägter Mittelkiel, ab N3 mit leichter Quernaht im zweiten Drittel, Vorder- und Hinterrand der Seitenlappen mit dunkelbraunen Punkten und Strichen.
Hinterschenkel: Dunkelbraune Längslinie im Mittelfeld.
Hinterschiene: *Bei den zwei ersten Jugendstadien im unteren Teil schwarz.*
Hinterleib: Mit braunen Punkten, v. a. am hellen Hinterrand der Hinterleibsegmente, weiße Linien auf Seite des Hinterleibes (Fortsetzung der Seitenkiele), ab *MN3 mit spitz ausgezogener Subgenitalplatte.*
Flügelanlagen: *Schwarze Flecke oberhalb Flügelanlagen häufig bei N1*, seltener bei N2, dorsale Flügelanlagen am Ende breit abgerundet.
Legeröhrenklappen: *Lang und schmal,* ab WN4 sichtbar.
Behaarung: Bauch stark behaart.

Ähnliche Art

Chrysochraon dispar: N1: Brustglieder oberhalb Flügelanlagen ohne schwarze Punkte. Grundfärbung braun, keine Grüntöne. Bei WN4 Legeröhrenklappen breiter und kürzer. Dorsale Flügelanlagen am Ende zugespitzt. (s. S. 325)

Euthystira brachyptera: Nymphenstadium 1

Euthystira brachyptera: Nymphenstadium 2

Euthystira brachyptera: Nymphenstadium 3, Männchen

Euthystira brachyptera: Nymphenstadium 4, Weibchen

Euthystira brachyptera: Nymphenstadium 4, Männchen

Euthystira brachyptera: Nymphenstadium 4, Männchen, langflügelig

Chrysochraon dispar

Grashüpfer

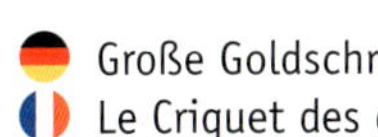

Große Goldschrecke
Le Criquet des clairières
Large Gold Grasshopper

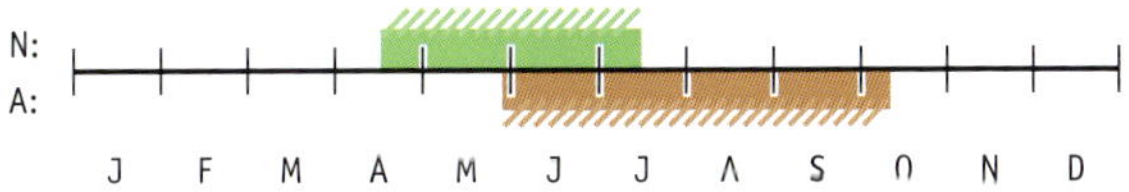

N:
A:

J F M A M J J A S O N D

Anzahl Jugendstadien: 4

Lebensraum: Hochgrasige Feuchtgebiete, seltener auch trockene Gebiete mit hoher Vegetation, Waldränder
Verbreitung: Ganze Schweiz, außer Tessin und Graubünden

Merkmale der Nymphen

Grundfärbung: Hellbraun bis rötlich braun, Körperseite oft etwas dunkler, ältere Nymphen auch dunkelbraun, *männliche Nymphen nicht grün*.
Kopf: *Ohne Scheitelgrübchen, Kopfgipfel spitzwinklig*, Fühler im Basisbereich abgeflacht.
Halsschild: *Weiße Seitenkiele verlaufen gerade, Halsschild ab N3 verlängert, Mittelkiel ab N4 mit Quernaht zum letzten Drittel.*
Hinterleib: Am Ende der Glieder dunkle Punkte, auf Seite mit heller Linie vom Auge bis zum Hinterleibende, Subgenitalplatte bei MN5 kegelförmig, spitz ausgezogen.
Hinterschenkel: Punktereihe im Zentrum des Mittelfeldes.
Flügelanlagen: Dorsale Flügelanlagen am Ende zugespitzt.

Ähnliche Art
Euthystira brachyptera: N1 meistens mit zwei schwarzen Flecken über Flügelanlagen. Ab N3 mit grüner Grundfärbung. Dorsale Flügelanlagen am Ende breiter. WN4 mit langen, schmalen Legeröhrenklappen. (s. S. 321)

Chrysochraon dispar: Nymphenstadium 1

Chrysochraon dispar: Nymphenstadium 2

Chrysochraon dispar: Nymphenstadium 3, Weibchen

Chrysochraon dispar: Nymphenstadium 4, Männchen

Podismopsis keisti

Grashüpfer

Schweizer Goldschrecke
Le Criquet des Churfirsten
Swiss Gold Grasshopper

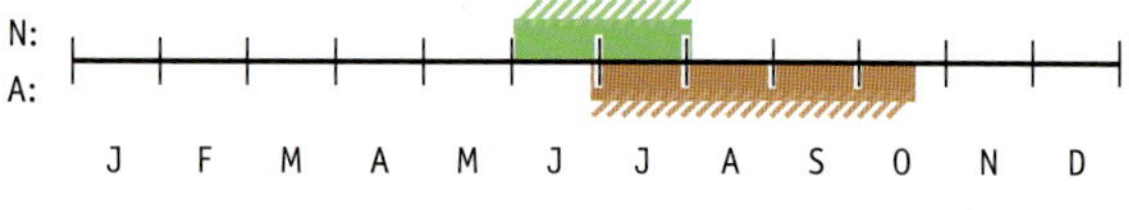

Anzahl Jugendstadien: 4 (?)

Lebensraum: Alpweiden und Zwergstrauchheiden
Verbreitung: Churfirsten (SG) und Hasliberg (BE)

Merkmale der Nymphen

Grundfärbung: Hellbraun, auf Körperseite dunkelbraun.
Kopf: *Scheitelgrübchen fehlen,* Augen relativ klein, Fühler hellbraun, zur Spitze hin dunkler, an Basis abgeflacht.
Halsschild: Seitenkiele weiß und leicht nach innen gebogen, dunkler Fleck auf Seitenlappen.
Hinterschenkel: Zwei dunkelbraune Querbänder, heller Ring vor dunklem Hinterknie, ab N3 *zwei weiße Bänder auf Oberseite.*
Hinterleib: Helle Linie als Fortsetzung der hellen Seitenkiele, diese mit dunklem Saum auf der Unterseite. *MN4 mit kegelförmiger, spitz ausgezogener Subgenitalplatte.*

Ähnliche Arten
Gomphocerus sibiricus: Mit Scheitelgrübchen. Seitenkiele stärker nach innen gebogen. (s. S. 355)
Pseudochorthippus parallelus: Mit Scheitelgrübchen. Meistens grün. (s. S. 394)

Podismopsis keisti: Nymphenstadium 2

Podismopsis keisti: Nymphenstadium 3, Männchen

Podismopsis keisti: Nymphenstadium 4, Männchen

Podismopsis keisti: Nymphenstadium 4, Weibchen

Omocestus viridulus Grashüpfer

Bunter Grashüpfer
Le Criquet verdelet
Common Green Grasshopper

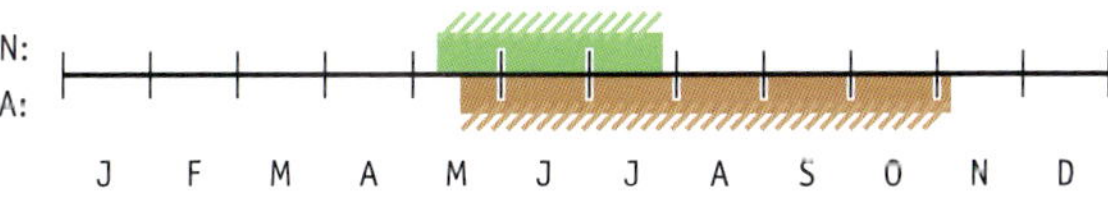

Anzahl Jugendstadien: 4

Lebensraum: Feuchte bis mäßig trockene Wiesen
Verbreitung: Ganze Schweiz

Merkmale der Nymphen

Grundfärbung: Körperseite braun, bei N1 auch schwarz, Rücken hellbraun, ab *N3 heller, Kopf- und Halsschild-Oberseite grün.*
Kopf: Helle Linie vom Auge bis zum Halsschild, Fühler grau, zur Spitze hin dunkler.
Halsschild: Seitenkiele weiß oder gelb, ab N1 *im ersten Viertel am stärksten nach innen gebogen* und schwarz gesäumt, *schwarzer Saum auf Oberseite in der zweiten Hälfte der Seitenkiele, Mittelkiel ausgeprägt*, Halsschild ab N3 verlängert. Seitenlappen am Vorderrand mit dunklen Punkten, am Hinterrand mit dunklen Strichen.
Hinterschenkel: Mit zwei *schwarzen Querbinden und weißem Ring vor schwarzem Hinterknie (auf Innenseite besser sichtbar)*, ab N3 Hinterschenkel und Knie vermehrt braun, Querbinden dann kaum mehr vorhanden.
Hinterleib: Weiß-schwarzer Streifen auf Körperseite.
Legeröhre: Bei WN4 sichtbar.

Ähnliche Arten
Omocestus haemorrhoidalis: Weiße Seitenkiele stärker geknickt, Maximum im ersten Drittel. Nymphen selten mit Grüntönen. (s. S. 337)
Omocestus rufipes: Fühler heller. Ab WN3 mit Grüntönen. (s. S. 334)

Omocestus viridulus: Nymphenstadium 1

Omocestus viridulus: Nymphenstadium 2

Omocestus viridulus: Nymphenstadium 3

Omocestus viridulus: Nymphenstadium 4, Weibchen

Omocestus rufipes

Grashüpfer

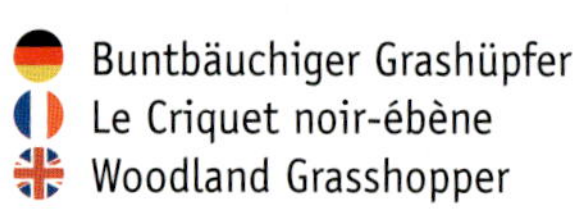
Buntbäuchiger Grashüpfer
Le Criquet noir-ébène
Woodland Grasshopper

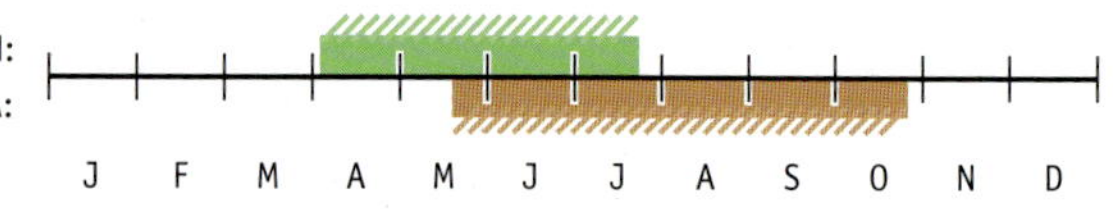

Anzahl Jugendstadien: 4

Lebensraum: Gut besonnte, trockene Wiesen und Weiden
Verbreitung: Ganze Schweiz, im Mittelland selten

Merkmale der Nymphen

Grundfärbung: Dunkel- bis rotbraun, Rücken vielfach hellbraun, ab N3 selten mit Grüntönen bei Weibchen.
Kopf: Weiße Linie vom Auge bis zum Halsschild, Auge mit weißen Flecken, *Fühler weiß* (N1 und N2), später hellgrau. Unter den Augen vielfach ein weißes Feld.
Halsschild: Seitenkiel weiß, im ersten Drittel nach innen gebogen, Seitenlappen in der Regel einheitlich gefärbt, am Vorder- und Hinterrand der Seitenlappen waagerechte, dunkle Striche.
Hinterschenkel: Mit zwei breiten, schwarzen Querbändern und einem *hellen Band vor schwarzem Hinterknie* (v.a. auf Innenseite gut sichtbar), ab N3 heller mit verschiedenen Brauntönen, Querbänder verschwinden teilweise.
Hinterleib: Auf Seite weiße Linie, pro Segment leicht gebogen und auf Unterseite schwarz gesäumt.

Ähnliche Arten
Omocestus haemorrhoidalis: Fühler hell, Spitze dunkel. Weiße Seitenkiele enden vor Halsschild-Hinterrand. Nymphen selten mit Grüntönen. (s. S. 337)
Omocestus viridulus: Fühler zumindest an Spitze dunkler. Weiße Seitenkiele im ersten Viertel am stärksten zusammengeneigt. Ab N3 oft mit grünem Kopf und Halsschild. (s. S. 331)

Omocestus rufipes: Nymphenstadium 1

Omocestus rufipes: Nymphenstadium 2

Omocestus rufipes: Nymphenstadium 3

Omocestus rufipes: Nymphenstadium 4, Männchen

Omocestus haemorrhoidalis

Grashüpfer

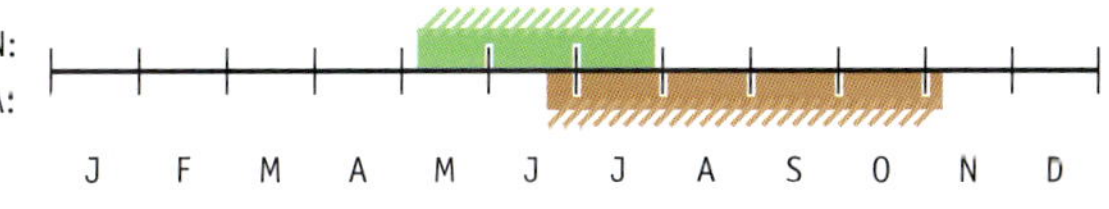

Rotleibiger Grashüpfer
Le Criquet rouge-queue
Orange-tipped Grasshopper

Anzahl Jugendstadien: 4

Lebensraum: Sonnenexponierte Trockenrasen mit niedrigem Gras
Verbreitung: Wallis und Tessin, Jurasüdfuß

Merkmale der Nymphen

Grundfärbung: Braun bis dunkelbraun, Rücken hellbraun.
Kopf: Rundlich, *Fühler weiß oder grau*, am Ende etwas dunkler, Auge mit hellen Flecken, *weiße Fläche unterhalb des Auges* mit unterschiedlicher Größe.
Halsschild: *Seitenkiele im ersten Drittel deutlich geknickt und schwarz gesäumt*. Weiße *Seitenkiele erreichen den Halsschild-Hinterrand nicht*. Vorder- und Hinterrand der Seitenlappen mit waagerechten, schwarzen Strichen; diese verblassen mit zunehmendem Alter.
Hinterschenkel: Zwei dunkle Querbänder, dazwischen hell, helles Band vor Hinterknie markant. Auf Innenseite sind diese Bänder deutlicher.
Hinterleib: In jedem Segment seitlich ein *kurzes, schräg gestelltes, gelb-schwarzes Band,* auf der Hinterleibseite entsteht dadurch ein Sägemuster.
Legeröhrenklappen: Bei WN4 sichtbar.

Ähnliche Arten

Myrmeleotettix maculatus: Seitenkiele stärker geknickt, v. a. im letzten Drittel breiter. Schräg gestelltes, gelb-schwarzes Band auf Hinterleibseite markant. MN4 mit gekeulten Fühlern. (s. S. 358)
Omocestus rufipes: Weiße Seitenkiele weniger stark geknickt. Weißes Band vor Hinterknie ausgeprägter. (s. S. 334)
Omocestus viridulus: Fühler an der Spitze dunkler. Seitenkiele im ersten Viertel am stärksten gebeugt. Ab N3 mit grüner Färbung des Scheitels und des Halsschildes. (s. S. 331)

Omocestus haemorrhoidalis: Nymphenstadium 1

Omocestus haemorrhoidalis: Nymphenstadium 2

Omocestus haemorrhoidalis: Nymphenstadium 3

Omocestus haemorrhoidalis: Nymphenstadium 4, Weibchen

Stenobothrus lineatus

Grashüpfer

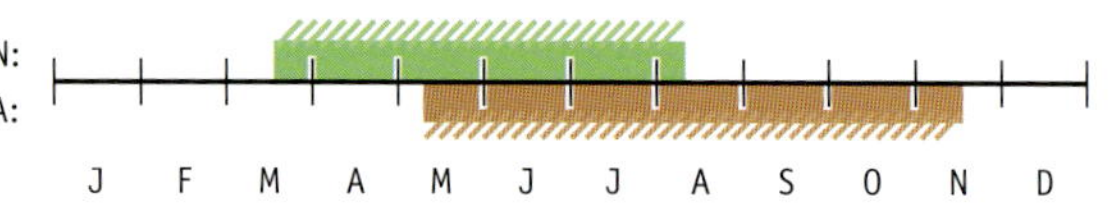

Gewöhnlicher Heidegrashüpfer
Le Criquet de la Palène
Stripe-winged Toothed Grasshopper

Anzahl Jugendstadien: Männchen 4, Weibchen 4 (5)

Lebensraum: Trockene Wiesen und Weiden
Verbreitung: Ganze Schweiz

Merkmale der Nymphen

Grundfärbung: Meistens grün, selten braun oder rötlich, Körperseite dunkelbraun, Rücken zum Teil hellbraun oder hellgrau.
Kopf: Rundlich, *helles Band vom Auge bis zum Halsschild, Scheitelgrübchen weiß mit schwarzen Punkten, selten auch violett, grün oder dunkel.*
Halsschild: *Seitenlappen in der Regel einheitlich grün*, frühe Stadien oft mit dunklen Strichen an Vorder- und Hinterrand. Seitenkiele weiß und Unterseite schwarz gesäumt. Seitenkiele bei N1 schwach gebogen, ab N3 deutlicher im ersten Drittel geknickt. Braune Individuen mit schwarz-weißer Zeichnung auf Seitenlappen.
Hinterschenkel: Zwei dunkle Querbänder auf Innenseite, helles Band vor Hinterknie, auf Innenseite stärker ausgeprägt. Hinterschenkel oft weinrot oder rotbraun.
Hinterleib: Weiße Linie zwischen heller Oberseite und brauner Körperseite.

Ähnliche Arten

Pseudochorthippus parallus: Seitenkiele nicht sehr ausgeprägt, gerade oder leicht gebeugt. Scheitelgrübchen am Kopf nicht weiß. (s. S. 394)
Stenobothrus nigromaculatus: Scheitel auf Seite mit schwarzem Längsband, weiße Seitenkiele breiter. Grüne Halsschild-Seitenlappen mit schwarzen und weißen Flecken. (s. S. 343)
Stenobothrus rubicundulus: Halsschild-Seitenlappen bei grünen Individuen auf Unterseite rotbraun oder mit weißen Flecken. Hinterknie dunkel. Dorsale Flügelanlagen breiter. (s. S. 349)

Stenobothrus lineatus: Nymphenstadium 1

Stenobothrus lineatus: Nymphenstadium 2

Stenobothrus lineatus: Nymphenstadium 3, Weibchen

Stenobothrus lineatus: Nymphenstadium 4

Stenobothrus nigromaculatus

Grashüpfer

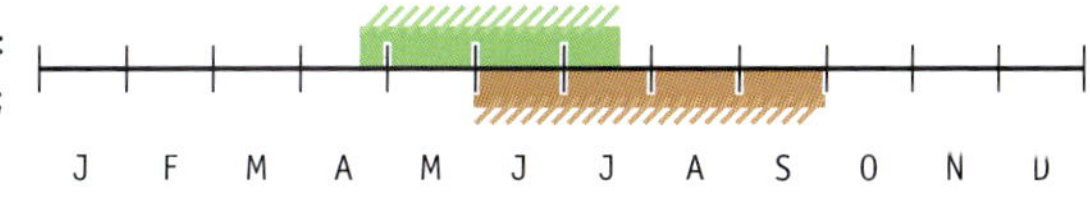

Schwarzfleckiger Heidegrashüpfer
Le Sténobothre bourdonneur
Black-spotted Toothed Grasshopper

Anzahl Jugendstadien: 4

Lebensraum: Trockenrasen mit lückiger Vegetation
Verbreitung: Wallis und Tessin

Merkmale der Nymphen

Grundfärbung: Ab N1 grüne und braune Individuen, Hinterleibseite dunkel.
Kopf: Rundlich, *helles Längsband vom Auge bis zum Halsschild*, darüber schwarzer Saum, *Scheitelgrübchen weiß mit schwarzen Punkten.*
Halsschild: *Seitenlappen mit schwarzen und/oder hellgrauen Flecken. Weiße Seitenkiele breit* und schwarz gesäumt, Seitenkiele im ersten Drittel leicht nach innen gebogen, Seitenlappen an Vorder- und Hinterrand mit dunklen Längsstrichen und Punkten.
Hinterschenkel: Leichte Aufhellungen auf Schenkel und Schiene vor Hinterknie, bei braunen Individuen stärker ausgeprägt. Innenseite ab und zu dunkel.
Rücken: Grüne Morphe hellbraun.
Flügelanlagen: Dorsale Flügelanlagen oben hell, unten schwarz, bei *N4* so lang wie Halsschild, *mit spitz zulaufenden, abgerundeten Enden.*

Ähnliche Arten

Stauroderus scalaris: Fühler schwarz. Hinterschenkel schwarz mit weißem Fleck auf Außenseite. Bei N4 Flügelanlagen breit und länger als Halsschild. (s. S. 364)
Stenobothrus lineatus: Halsschild-Seitenlappen bei grünen Individuen einfarbig. Dorsale Flügelanlagen einfarbig. (s. S. 340)
Stenobothrus rubicundulus: Dunkles Hinterknie. Markante Aufhellung vor Hinterknie. Dorsale Flügelanlagen breit, bei N4 länger als Halsschild. (s. S. 349)

Stenobothrus nigromaculatus: Nymphenstadium 1

Stenobothrus nigromaculatus: Nymphenstadium 2

Stenobothrus nigromaculatus: Nymphenstadium 3

Stenobothrus nigromaculatus: Nymphenstadium 4, Weibchen

Stenobothrus stigmaticus

Grashüpfer

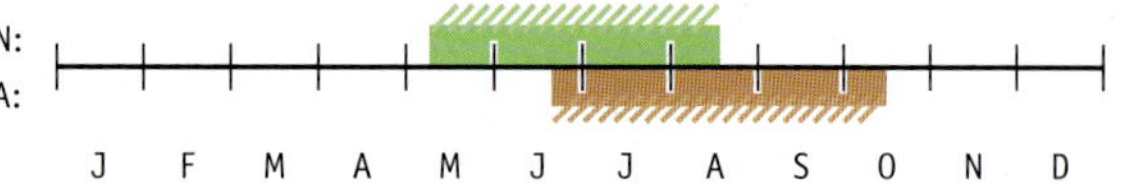

Anzahl Jugendstadien: 4

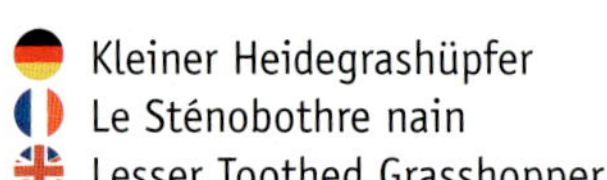

Kleiner Heidegrashüpfer
Le Sténobothre nain
Lesser Toothed Grasshopper

Lebensraum: Niedriggrasige Weiden mit offenen Bodenstellen und Steinen
Verbreitung: Selten, wenige Orte im Jura

Merkmale der Nymphen

Grundfärbung: Grün oder seltener braun, Hinterleibseite meistens braun.
Kopf: Weißes Band vom Scheitelgrübchen bis zum Halsschild-Vorderrand, darüber oft mit schwarzem Saum.
Halsschild: Seitenkiele weiß mit schwarzem Saum. N1 bis N3 mit geradem oder leicht gebogenem Seitenkiel, bei N4 mit schwachem Knick im ersten Drittel. *Seitenlappen mit weißen, schwarzen oder rötlichen Flecken, selten einheitlich grün.*
Hinterschenkel: *Schwarz-weißes Diagonalband in der Mitte der Innenseite.*
Hinterleib: Mit hellen Linien auf der Seite.

Ähnliche Arten
Myrmeleotettix maculatus: Seitenkiele stärker geknickt. Hinterleib mit schräg gestelltem, hell-dunklem Band in jedem Glied auf der Seite. (s. S. 358)
Omocestus haemorrhoidalis: Grundfärbung meistens braun. Weiße Seitenkiele stärker geknickt. (s. S. 337)
Stenobothrus lineatus: Größer. Halsschild-Seitenlappen einheitlich grün. (s. S. 340)
Stenobothrus nigromaculatus: Größer. Grundfarbe grün oder braun. Halsschild-Seitenlappen sehr variabel, auf unterer Hälfte oft mit großen, schwarzen Flecken und hellem unterem Rand. Helles Band vor Hinterknie. (s. S. 343)
Stenobothrus rubicundulus: Größer. Seitenkiele stärker geknickt. Heller Ring auf Hinterschenkel und -schiene nahe dunklem Hinterknie. Dorsale Flügelanlagen breit, bei N4 länger als Halsschild. (s. S. 349)

Stenobothrus stigmaticus: Nymphenstadium 1

Stenobothrus stigmaticus: Nymphenstadium 2

Stenobothrus stigmaticus: Nymphenstadium 3

Stenobothrus stigmaticus: Nymphenstadium 4, Weibchen

Stenobothrus rubicundulus

Grashüpfer

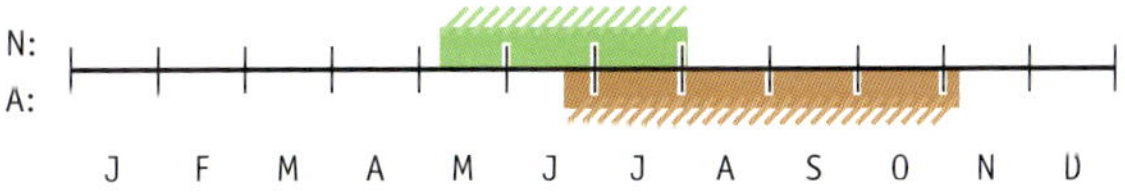

N:
A:

J F M A M J J A S O N D

- Schnarrender Heidegrashüpfer
- Le Sténobothre hélicoptère
- Wing-buzzing Toothed Grasshopper

Anzahl Jugendstadien: 4

Lebensraum: Steinige, südexponierte Alpwiesen
Verbreitung: Engadin und Oberwallis

Merkmale der Nymphen

Grundfärbung: Grün oder dunkelbraun, Rücken hellgrau.
Kopf: Auge mit hellen Punkten, braune Individuen mit weißer Stirn und weißem Feld unter Auge.
Halsschild: Weiße Seitenkiele zuerst im ersten Drittel leicht nach innen gebogen, später im ersten Drittel geknickt, Seitenkiele dunkel gesäumt. *Seitenlappen am unteren Rand aufgehellt, grüne Individuen mit rotbraunem Feld, braune mit hell-dunkler Zeichnung.*
Hinterschenkel: Mit *hellem Ring auf Schenkel und Schiene vor dunklem Hinterknie.*
Hinterleib: Weiße Linie zwischen hellem Rücken und dunkler Körperseite.

Flügelanlagen: *Dorsale Flügelanlagen breit, obere Seite hell, untere dunkel, bei N4 deutlich länger als Halsschild.*

Ähnliche Arten
Stenobothrus lineatus: Halsschild-Seitenlappen bei grünen Individuen einfarbig grün. (s. S. 340)
Stenobothrus nigromaculatus: Hinterknie dunkel, deutliche Aufhellung vor Hinterknie. Flügelanlagen bei N4 so lang wie Halsschild. (s. S. 343)

Stenobothrus rubicundulus: Nymphenstadium 2

Stenobothrus rubicundulus: Nymphenstadium 2

Stenobothrus rubicundulus: Nymphenstadium 3, Weibchen

Stenobothrus rubicundulus: Nymphenstadium 4, Männchen

Gomphocerippus rufus

Grashüpfer

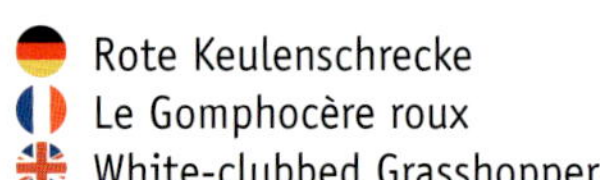

Rote Keulenschrecke
Le Gomphocère roux
White-clubbed Grasshopper

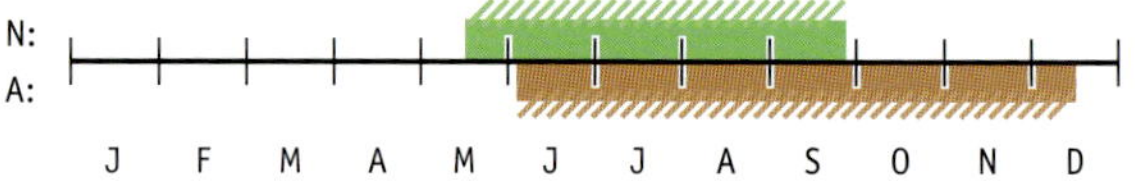

Anzahl Jugendstadien: 4

Lebensraum: Trockene bis mäßig feuchte Lebensräume mit großem Strukturreichtum
Verbreitung: Ganze Schweiz

Merkmale der Nymphen

Grundfärbung: Hellbraun bis braunschwarz, oft mit hellem Rücken.
Kopf: Fühler an Basis etwas abgeflacht, *Spitze oft etwas dunkler, Fühlerende ab N2, häufiger ab N3 erweitert und abgeflacht*. Auge ab N2 mit hellen Flecken, Wange marmoriert, *Stirn und Scheitel mit spitzem Winkel.*
Halsschild: Weiße Seitenkiele abgewinkelt (bei N1 nur schwach), Maximum im ersten Drittel, *Seitenkiele erreichen Halsschild-Hinterrand nicht,* Seitenkiele oft dunkel gesäumt, Mittelkiel bei N4 hinter Mitte eingeschnürt.
Hinterschenkel: Zwei dunkle Querbänder, v.a. bei dunklen Individuen, auf Innenseite ausgeprägter, leichte Aufhellung vor Hinterknie, auf Innenseite besser sichtbar. *Oberkante und Kiel um Mittelfeld mit kleinen, schwarzen Flecken.*
Hinterleib: Mit dunklen Punkten, häufig am Hinterrand der Glieder.

Ähnliche Arten
Chorthippus biguttulus: Grundfärbung braun oder grün. Weiße Seitenkiele bei N2 kurz vor der Mitte, ab N3 im ersten Drittel geknickt und meistens schwarz gesäumt. (s. S. 370)
Gomphocerus sibiricus: Grundfärbung ab N3 oft grün. Seitenkiele deutlich nach innen gebogen. Vorderschiene bei Männchen ab N3 verdickt. (s. S. 355)

Gomphocerippus rufus: Nymphenstadium 1

Gomphocerippus rufus: Nymphenstadium 2

Gomphocerippus rufus: Nymphenstadium 3

Gomphocerippus rufus: Nymphenstadium 4, Männchen

Gomphocerus sibiricus

Grashüpfer

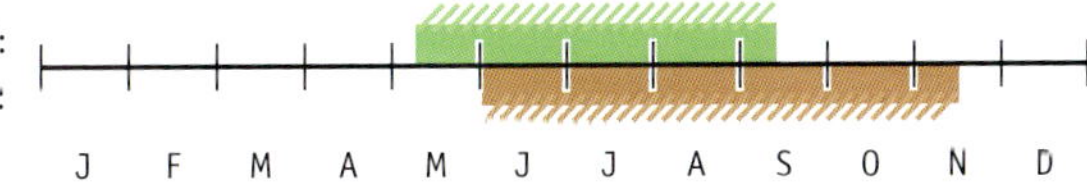

Sibirische Keulenschrecke
Le Gomphocère Popeye
Club-legged Grasshopper

Anzahl Jugendstadien: 4

Lebensraum: Trockene, sonnenexponierte Alpweiden, Zwergstrauchheiden
Verbreitung: Im ganzen Alpenraum

Merkmale der Nymphen

Grundfärbung: Sehr variabel, verschiedene Brauntöne bis schwarz oder grün bis gelbgrün.
Kopf: Fühler oft schwarz, *braune Individuen mit weiß marmorierter Stirn und unter Auge weiß*, Fühlerenden *ab MN3 leicht abgeflacht und erweitert*.
Halsschild: Ab N1 Seitenkiel weiß, *nach innen deutlich gebogen* (kaum geknickt) und mit schwarzem Saum, Seitenlappen bei braunen oder schwarzen Individuen mit hellen und dunklen Flecken und Streifen sehr variabel. Mittelkiel ab N3 vor letztem Drittel eingeschnürt, *Halsschild bei N4 leicht gewölbt*.
Vorderschiene: *Ab MN3 leicht verdickt, bei MN4 besser sichtbar.*
Hinterschenkel: Dunkel *mit weißem Ring vor Hinterknie*, oft auch mit weißem Fleck im Zentrum der Außenseite und weißem Querband auf Innenseite.
Hinterleib: *Weiß- oder gelb-schwarzer Streifen auf Seite zwischen heller Ober- und dunkelbrauner Körperseite.*
Flügelanlagen: *Bei N3 Hinterflügelanlagen kürzer als Halsschild, bei N4 gleich lang, Ende stärker zugespitzt.*

Ähnliche Art
Stauroderus scalaris: Grundfärbung braun, braunrot bis schwarzbraun. Weißer Seitenkiel ab N3 kurz vor Mitte leicht geknickt, Flügelanlagen bei N3 gleich lang, bei N4 länger als Halsschild. Flügelspitze breit. (s. S. 364)

Gomphocerus sibiricus: Nymphenstadium 1

Gomphocerus sibiricus: Nymphenstadium 2

Gomphocerus sibiricus: Nymphenstadium 3, Männchen

Gomphocerus sibiricus: Nymphenstadium 4, Männchen

Myrmeleotettix maculatus Grashüpfer

Gefleckte Keulenschrecke
Le Gomphocère tacheté
Common Club Grasshopper

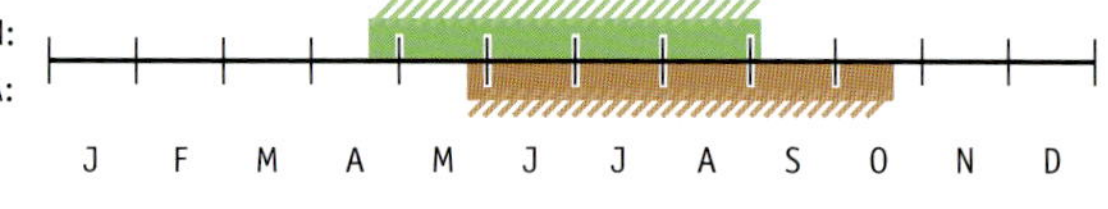

Anzahl Jugendstadien: 4 (Weibchen evtl. 5)

Lebensraum: Warme, trockene Flächen mit vielen offenen Bodenstellen, Hochmoore oder Felsfluren
Verbreitung: Selten; v. a. Südjura, Wallis und Zentralschweiz

Merkmale der Nymphen

Grundfärbung: V. a. braun bis braunschwarz, grün oder grau.
Kopf: Groß und rund, Stirn und Scheitel bilden rechten Winkel, Fühlerende bei Männchen ab N4 verdickt.
Halsschild: Bei N1 und N2 *Länge des Halsschildes wie Kopflänge*, helle Seitenkiele nach erstem Drittel deutlich geknickt und dunkel gesäumt, Seitenkiele nach Knick breiter und erreichen Hinterrand des Halsschildes nicht, am Vorder- und Hinterrand der Seitenlappen dunkle, waagerechte Striche.
Hinterschenkel: Drei breite dunkle Querbänder, v. a. auf Innenseite gut sichtbar. Die Bänder werden z. T. mit zunehmendem Alter schwächer.
Rücken: Hellbraun oder grün mit dunklen Punkten und heller Mittellinie vom Scheitel bis zum Hinterleibende. *In jedem Segment des Hinterleibes schräges, hell-dunkles Band* zwischen heller Ober- und dunkler Körperseite.

Ähnliche Arten

Omocestus haemorrhoidalis: Grundfärbung selten grün. Seitenkiele schmaler. Gelbschwarzes Band in Segmenten auf Hinterleibseite schwächer ausgebildet. (s. S. 337)
Stenobothrus stigmaticus: Seitenkiele gerade oder leicht geknickt. Zwei ausgeprägte, schwarze Längsstriche auf Scheitel. Schwache Aufhellung vor Hinterknie. Auf Hinterleibseite weiße Linie als Abgrenzung zu dunkler Körperseite. (s. S. 346)

Myrmeleotettix maculatus: Nymphenstadium 1

Myrmeleotettix maculatus: Nymphenstadium 2

Myrmeleotettix maculatus: Nymphenstadium 3, Weibchen

Myrmeleotettix maculatus: Nymphenstadium 4, Weibchen

Aeropedellus variegatus Grashüpfer

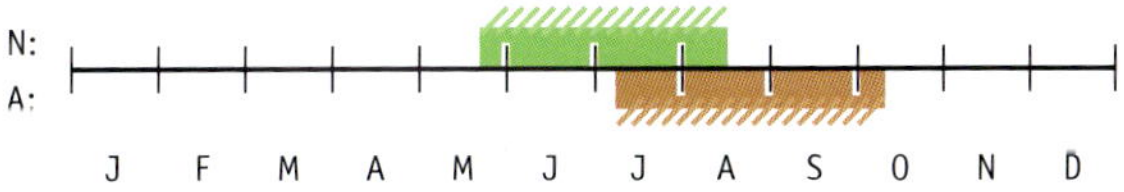

N:
A:
J F M A M J J A S O N D

 Alpen-Keulenschrecke
 Le Gomphocère des moraines
Alpine Thick-necked Grasshopper

Anzahl Jugendstadien: 4

Lebensraum: Alpine Rasen und Zwergstrauchheide
Verbreitung: Engadin (GR)

Merkmale der Nymphen

Grundfärbung: N1 und N2 braun, N3 und N4 auch grün.
Kopf: Rundlich, Wange leicht marmoriert.
Halsschild: N1 Seitenkiel weiß und gerade, ab N2 zuerst in der Mitte, später im ersten Drittel deutlich geknickt und mit schwarzem Saum. Seitenlappen bei N1 und N2 mit dunklen Strichen an Vorder- und Hinterrand. Ab N3 *Seitenlappen* mit *ansteigendem, weißem Band in halber Höhe, darunter schwarzer Fleck.*
Hinterschenkel: Aufhellung vor Hinterknie, Mittelfeld auf Innen- und Außenseite schwarz mit schrägem, weißem Band, Schenkeloberseite ab N3 auch grün.
Hinterleib: Auf der Seite schwarz, weiß-schwarze Linie bildet Grenze zu heller Oberseite, ab N3 z. T. grünes Längsband in der Hinterleibmitte.

Ähnliche Art
Gomphocerus sibiricus: Weiße Seitenkiele ab N1 deutlich nach innen gebogen. Halsschild im Vergleich zu Kopf länger. (s. S. 355)

Aeropedellus variegatus: Nymphenstadium 1

Aeropedellus variegatus: Nymphenstadium 2

Aeropedellus variegatus: Nymphenstadium 3, Weibchen

Aeropedellus variegatus: Nymphenstadium 4, Männchen

Stauroderus scalaris

Grashüpfer

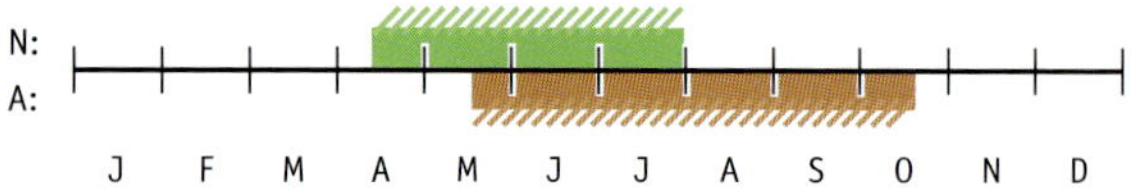

N:
A:
J F M A M J J A S O N D

Gebirgsgrashüpfer
Le Criquet jacasseur
Ladder Grasshopper

Anzahl Jugendstadien: 4

Lebensraum: Trockenwarme Bergwiesen
Verbreitung: Alpen und Jura

Merkmale der Nymphen

Grundfärbung: Gelbbraun über braunrot bis braunschwarz.
Kopf: *Fühler schwarz*, bei frühen Stadien die einzelnen Glieder in Richtung der Spitze weiß gesäumt, Wange leicht marmoriert.
Halsschild: Weiße Seitenkiele im ersten Drittel bis kurz vor der Mitte geknickt und schwach schwarz gesäumt, ausgeprägter Mittelkiel, Mittelkiel bei N4 in der Mitte leicht eingeschnitten.
Hinterschenkel: Mit zwei breiten, dunklen Bändern auf Außen- und Innenseite, dazwischen weiß, *heller Ring vor dunklem Hinterknie*.
Hinterleib: Mit weißer oder gelb-schwarzer Seitenlinie.
Flügelanlagen: *Bei N3 Hinterflügelanlagen so lang wie Halsschild*, bei *N4 länger, Ende stumpf*.

Ähnliche Arten
Gomphocerus sibiricus: Seitenkiele deutlich nach innen gebogen. Hinterleib-Oberseite oft heller. Fühlerenden ab N3 erweitert und flach. Dorsale Flügelanlagen kürzer, Ende der Flügelanlagen bei N4 etwas stärker spitz zulaufend. (s. S. 355)
Stenobothrus nigromaculatus: Seitenkiele kräftig ausgebildet, weiß und im ersten Drittel nach innen geknickt. Seitenlappen mit weißen und schwarzen Flecken. Scheitel am Rand mit schwarzer Längslinie. Flügelanlagen bei N4 kürzer und schmaler, Ende spitz. (s. S. 343)

Stauroderus scalaris: Nymphenstadium 1

Stauroderus scalaris: Nymphenstadium 2

Stauroderus scalaris: Nymphenstadium 3, Männchen

Stauroderus scalaris: Nymphenstadium 4

Chorthippus apricarius

Grashüpfer

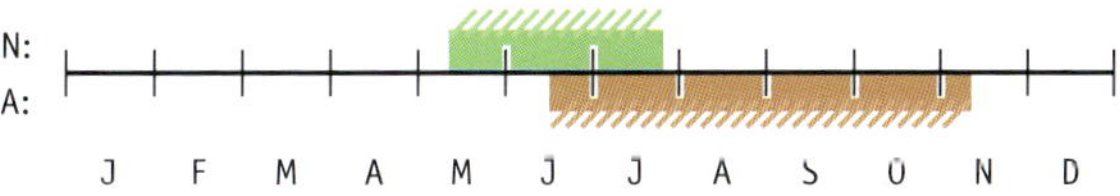

Feld-Grashüpfer
Le Criquet des adrets
Locomotive Grasshopper

Anzahl Jugendstadien: 4

Lebensraum: Trockenwarme Wiesen und Böschungen
Verbreitung: Graubünden, Jura und Westalpen

Merkmale der Nymphen

Grundfärbung: *Gelbbraun bis braun.*
Kopf: Marmoriert, Auge mit weißen Flecken.
Halsschild: Weiße Seitenkiele enden meistens vor dem Hinterrand des Halsschildes, bei N1 leicht, bei folgenden Stadien stärker im ersten Drittel geknickt, nach dem Knick schwarz gesäumt, Seitenlappen an Vorder- und Hinterrand mit braunen Längsstreifen.
Hinterschenkel: Oberkante hell mit dunklen Flecken.
Hinterleib: Jedes Glied auf der Seite mit gelb-schwarzem, gebogenem Band, mit zahlreichen dunklen Flecken, v. a. am Hinterrand der Glieder.

Ähnliche Art
Chorthippus biguttulus: Weiße Seitenkiele breiter, stärker geknickt, dunkler Saum breiter. Braune Individuen mit zwei dunklen Querbändern v. a. auf Hinterschenkel-Innenseiten. (s. S. 370)

Chorthippus apricarius: Nymphenstadium 1

Chorthippus apricarius: Nymphenstadium 2

Chorthippus apricarius: Nymphenstadium 3, Weibchen

Chorthippus apricarius: Nymphenstadium 4, Männchen

Chorthippus biguttulus Grashüpfer

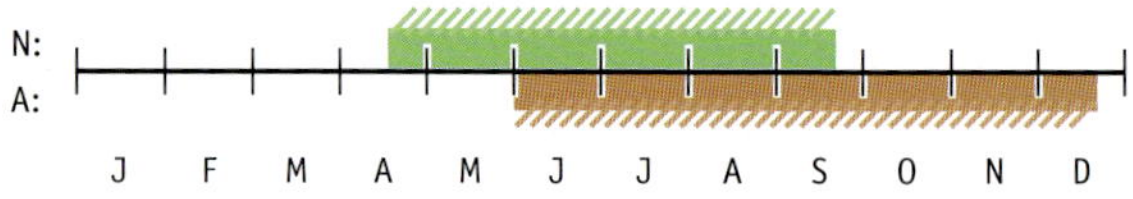

N:
A:

J F M A M J J A S O N D

Anzahl Jugendstadien: 4

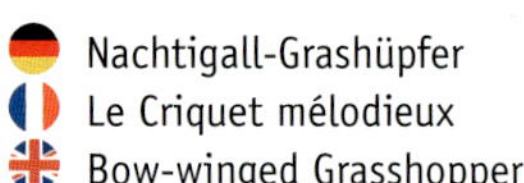
Nachtigall-Grashüpfer
Le Criquet mélodieux
Bow-winged Grasshopper

Lebensraum: Trockenwarme Wiesen
Verbreitung: Ganze Schweiz, außer Tessin

Merkmale der Nymphen

Grundfärbung: Braun oder grün mit feinen, dunklen Punkten, beide Farbtypen oft mit dunkler Körperseite.
Kopf: Fühler an Basis flach, Auge mit hellen Flecken, oft mit braunem Band vom Auge bis zum Halsschild-Seitenlappen, Wange marmoriert.
Halsschild: Seitenkiele bei N1 fast parallel und im letzten Drittel mit leichtem Knick nach außen, ab N2 im ersten Drittel bis kurz vor der Mitte deutlich geknickt und v. a. auf Unterseite oft mit dunklem Saum, Mittelkiel ab N3 leicht eingeschnürt, Halsschild ab N3 länger.
Hinterschenkel: Braune Individuen mit zwei schwarzen Querbändern, die v. a. auf der Innenseite und auf der Oberkante ausgeprägt sind, heller Ring vor Hinterknie.
Hinterleib: Hinterrand der Segmente mit dunklen Punkten, braune Nymphen auf Hinterleibseite mit weiß-schwarzem Band in jedem Segment.

Ähnliche Arten
Gomphocerippus rufus: Körperseite dunkler. Rücken heller. Fühlerenden bei Männchen ab N3 abgeflacht und erweitert. (s. S. 352)
Pseudochorthippus parallelus: Hauptsächlich grüne Grundfärbung, Seitenkiele parallel oder leicht nach innen gebogen. (s. S. 394)
Die Unterscheidung der folgenden *Chorthippus*-Arten ist im Jugendstadium schwierig:
Ch. brunneus: Nicht grün gefärbt. N4 mit längeren Flügelanlagen. (s. S. 376)
Ch. eisentrauti: Unterscheidung aufgrund der Verbreitung. (s. S. 373)
Ch. mollis: Eher späte Art (Phänologie). (s. S. 379)
Ch. vagans: Nicht grün gefärbt. (s. S. 385)

Chorthippus biguttulus: Nymphenstadium 1

Chorthippus biguttulus: Nymphenstadium 2

Chorthippus biguttulus: Nymphenstadium 3

Chorthippus biguttulus: Nymphenstadium 4, Männchen

Chorthippus eisentrauti

Grashüpfer

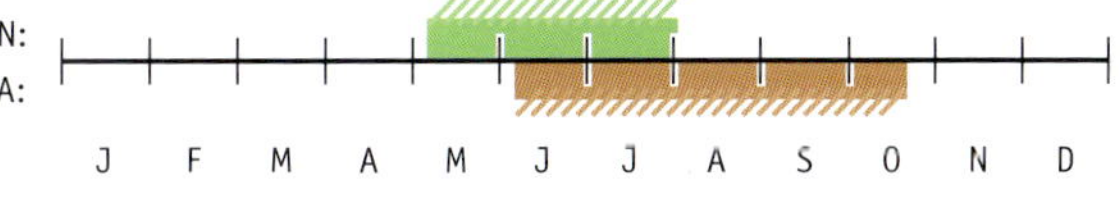

Südalpen-Grashüpfer
Le Criquet semblable
Eisentraut's Bow-winged Grasshopper

Anzahl Jugendstadien: 4

Lebensraum: Trockenwarme Wiesen mit lückiger Vegetation und steinigem Untergrund
Verbreitung: Südalpin, v. a. Tessin und Bündner Südtäler, westliches Wallis

Merkmale der Nymphen

Grundfärbung: Sehr variabel, Körperseite senfgelb bis dunkelbraun, auf dem Rücken weiß, rotbraun bis schiefergrau.
Kopf: Hinter Auge braunes Band, Wange marmoriert, Fühler zur Spitze hin dunkler.
Halsschild: Seitenkiele weiß, kurz vor erstem Drittel deutlich nach innen geknickt und schwarz gesäumt.
Hinterschenkel: Dunkelbraune Individuen mit zwei dunklen Querbändern, auf Innenseite stärker ausgeprägt.
Hinterleib: Marmoriert, mit weißer Mittelinie, auf Seite in jedem Segment leicht geschwungenes, weiß-schwarzes Band.

Ähnliche Arten
Chorthippus biguttulus: Nur Nymphen mit grüner Färbung lassen sich unterscheiden. Artbestimmung aufgrund der Verbreitung. (s. S. 370)
Chorthippus brunneus: N4 mit längeren Flügeln. Unterscheidung schwierig. (s. S. 376)
Chorthippus mollis: Bestimmung im Feld schwierig. Nur Nymphen mit grüner Färbung lassen sich unterscheiden. Späte Art (Phänologie). (s. S. 379)

Chorthippus eisentrauti: Nymphenstadium 2

Chorthippus eisentrauti: Nymphenstadium 3

Chorthippus eisentrauti: Nymphenstadium 4, Weibchen

Chorthippus eisentrauti: Nymphenstadium 4, Weibchen

Chorthippus brunneus

Grashüpfer

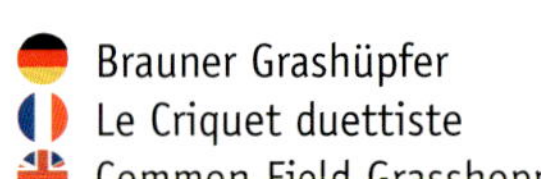

Brauner Grashüpfer
Le Criquet duettiste
Common Field Grasshopper

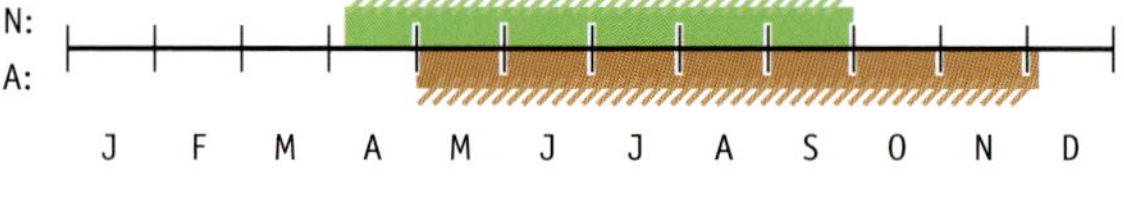

Anzahl Jugendstadien: 4 (Weibchen evtl. 5)

Lebensraum: Lückige, trockenwarme Wiesen sowie Steinfluren
Verbreitung: Ganze Schweiz

Merkmale der Nymphen

Grundfärbung: Gelbbraun, braun bis grau, Rücken oft hellbraun.
Kopf: Stirn und Scheitel bilden spitzen Winkel.
Halsschild: Weißer Seitenkiel bei N1 im letzten Drittel leicht nach außen geknickt, ab N3 mit deutlichem Knick nach innen im ersten Drittel, Seitenkiele v. a. auf Unterseite dunkel gesäumt, ab N3 mit leichter Einschnürung des Mittelkiels und Verlängerung des Halsschildes. Seitenlappen am Vorderrand mit dunklen Punkten, am Hinterrand mit dunklen Strichen.
Hinterschenkel: Mit drei schwarzen Flecken auf Oberkante.
Hinterleib: Schwarz-weiße Linie auf Körperseite, darunter Glieder mit zahlreichen schwarzen Strichen.
Flügelanlagen: Bei N4 *1,5-mal so lang wie Halsschild.*

Ähnliche Arten
Chorthippus biguttulus: Unterscheidung der Nymphen schwierig. Am einfachsten lassen sich grüne Individuen unterscheiden. N4 mit kürzeren Flügelanlagen. (s. S. 370)
Chorthippus mollis: Unterscheidung der Nymphen schwierig. Am einfachsten lassen sich grüne Individuen unterscheiden. N4 mit kürzeren Flügelanlagen. Späte Art. (s. S. 379)
Chorthippus vagans: Frühe Stadien mit spitzwinkeligem Kopf und dunklen Längsstreifen auf Scheitel. Fühler dunkel. Seitenkiele weniger geknickt. Bei N4 Flügelanlagen gleich lang wie Halsschild. (s. S. 385)

Chorthippus brunneus: Nymphenstadium 1

Chorthippus brunneus: Nymphenstadium 2

Chorthippus brunneus: zweitletztes Nymphenstadium, Weibchen

Chorthippus brunneus: Nymphenstadium 4, Männchen

Chorthippus mollis

Grashüpfer

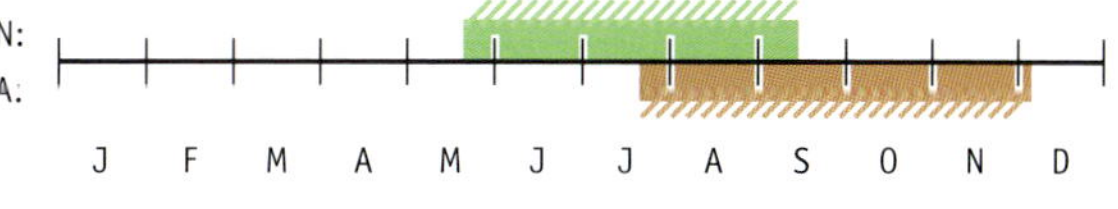

Verkannter Grashüpfer
Le Criquet des larris
Lesser Grasshopper

Anzahl Jugendstadien: 5 (4–6)

Lebensraum: Trockenwarme Gebiete mit lückiger Vegetation
Verbreitung: Wallis, Tessin, Graubünden, Region Genfersee und Jurasüdfuß

Merkmale der Nymphen

Grundfärbung: Variabel, gelbbraun bis braun, grau oder hellgrün.
Kopf: Fühler an Basis flach, Wange marmoriert, Scheitel oft mit schwarzen Längslinien.
Halsschild: Weißer Seitenkiel, z. T. ab N1 im ersten Drittel geknickt, oft schwarz gesäumt, Seitenlappen an Vorder- und Hinterrand mit dunklen Strichen bei dunklen Individuen.
Hinterleib: Auf Seite mit schwarz-weißer Linie, Körperseite dunkelbraun oder mit dunklen Punkten und Strichen.
Flügelanlagen: Bei N4 so lang wie Halsschild.

Ähnliche Arten
Als Nymphen lassen sich die folgenden Arten im Feld kaum von *Chorthippus mollis* unterscheiden. Mögliche Unterscheidungskriterien sind die Phänologie – *Ch. mollis* ist eher eine späte Art – und die Verbreitung.
Chorthippus biguttulus: (s. S. 370)
Chorthippus brunneus: Nicht grün. (s. S. 376)
Chorthippus eisentrauti: Nicht grün. (s. S. 373)

Chorthippus mollis: Nymphenstadium 1

Chorthippus mollis: Nymphenstadium 2

Chorthippus mollis: zweitletztes Nymphenstadium

Chorthippus mollis: letztes Nymphenstadium, Männchen

Chorthippus pullus

Grashüpfer

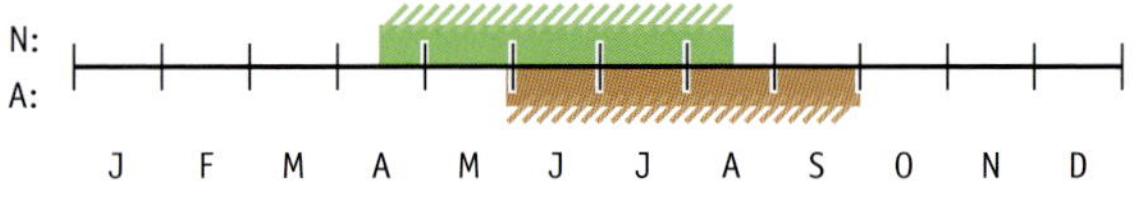

Anzahl Jugendstadien: 4 (5)

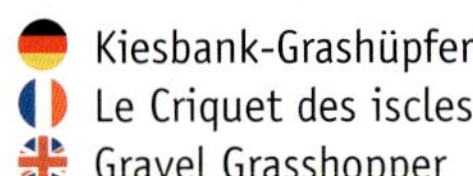

Kiesbank-Grashüpfer
Le Criquet des iscles
Gravel Grasshopper

Lebensraum: Trockenwarme Kiesbänke entlang naturbelassener Flussläufe, Geröllfluren mit lückiger Vegetation
Verbreitung: Selten; sehr lokal an frei fließenden Flüssen wie Inn und Rhein (GR), Rhone (VS) und Sense (BE)

Merkmale der Nymphen

Grundfärbung: Braun, rotbraun oder grau, *mit zahlreichen dunklen Punkten*.
Kopf: Relativ groß, Scheitel gewölbt, stark marmoriert.
Halsschild: Seitenkiele hell und knapp vor der Mitte deutlich geknickt, *nach dem Knick etwas breiter*, in der Regel dunkel gesäumt.
Hinterschenkel: Mit *zwei breiten, schwarzen Querbänder*, die auf Innenseite stärker ausgeprägt sind, auf Außenseite v. a. zwei dunkle Bänder auf Oberkante sichtbar, *Hinterknie schwarz, davor weißer Ring auf Schenkel und Schiene*.
Hinterleib: Auf der Seite oft mit heller, in jedem Segment leicht geschwungener Linie.
Flügelanlagen: Bei N4 so lang wie Halsschild.

Ähnliche Art
Epacromius tergestinus: Kopf rundlicher. Auf Rücken beiges oder rotbraunes Band von Scheitelspitze bis zu Hinterleibende. Seitenlinien geknickt. Flügelanlagen bei N4 länger als Halsschild. (s. S. 309)

Chorthippus pullus: Nymphenstadium 2

Chorthippus pullus: zweitletztes Nymphenstadium

Chorthippus pullus: letztes Nymphenstadium, Weibchen

Chorthippus pullus: letztes Nymphenstadium, Männchen

Chorthippus vagans

Grashüpfer

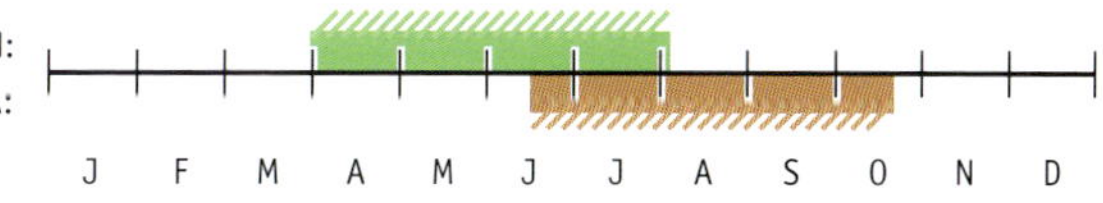

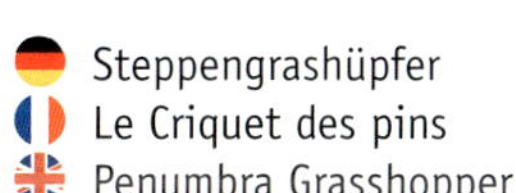
Steppengrashüpfer
Le Criquet des pins
Penumbra Grasshopper

Anzahl Jugendstadien: 4

Lebensraum: Trockenwarme Lebensräume mit lückiger Vegetation, Felsen
Verbreitung: Wallis, Tessin und Bündner Südtäler

Merkmale der Nymphen

Grundfärbung: Beige, gelbbraun bis dunkelbraun und schwarz, Rücken oft heller, ab N2 manchmal violett.
Kopf: Frühe Stadien mit spitzwinkeligem Kopf und dunklen Längsstreifen auf Scheitelseite, außer bei N1 mit dunklen (schwarzen) Fühlern, letztes Stadium mit relativ großem Kopf.
Halsschild: Mit nach innen gebogenen, weißen Seitenkielen, Maximum kurz vor Halsschildmitte, Seitenkiele oft dunkel gesäumt (gilt nicht für violette Morphen), Seitenlappen an Vorder- und Hinterrand mit dunklen Streifen.
Hinterschenkel: *Oberkante mit mehreren schwarzen Punkten*, leichte Aufhellung vor Hinterknie. Dunkle Individuen auf Innenseite mit zwei breiten, schwarzen Bändern.
Hinterleib: Mit heller Seitenlinie, Hinterrand der Glieder mit dunklen Punkten.
Flügelanlagen: Bei N4 so lang wie Halsschild.

Ähnliche Arten
Chorthippus biguttulus: Braune und grüne Individuen. Seitenkiele im ersten Drittel am stärksten geknickt. (s. S. 370)
Chorthippus brunneus: Seitenkiele im ersten Drittel stärker geknickt. Flügelanlagen bei N4 länger als Halsschild. (s. S. 376)
Chorthippus mollis: Braune und grüne Individuen. Seitenkiele im ersten Drittel leicht geknickt. (s. S. 379)

Chorthippus vagans: Nymphenstadium 1

Chorthippus vagans: Nymphenstadium 2

Chorthippus vagans: Nymphenstadium 3

Chorthippus vagans: Nymphenstadium 4

Chorthippus dorsatus

Grashüpfer

N:
A:

J F M A M J J A S O N D

Anzahl Jugendstadien: 4

Wiesengrashüpfer
Le Criquet verte-échine
Steppe Grasshopper

Lebensraum: Feuchte Wiesen
Verbreitung: Ganze Schweiz

Merkmale der Nymphen

Grundfärbung: Verschiedene Brauntöne, ab N2 *Oberseite grün.*
Kopf: Braunes Auge mit hellen Flecken, Scheitel ziemlich flach, Wange marmoriert.
Halsschild: *Seitenkiele schmal und hell, leicht nach innen gebogen*, ab N3 Mittelkiel ungefähr in der Mitte leicht eingeschnitten, Halsschild verlängert, Seitenlappen an Vorder- und Hinterrand mit dunklen Streifen.
Hinterschenkel: *Kiel um Mittelfeld mit zahlreichen dunklen Punkten.*
Rücken: *Ab N2 grün.*
Hinterleib: *Auf Körperseite mit zahlreichen dunklen Streifen und Punkten.*

Ähnliche Arten
Chorthippus albomarginatus: Weiße Seitenkiele parallel und breit. Wange höchstens schwach marmoriert. (s. S. 391)
Chorthippus biguttulus: Weiße Seitenkiele breiter und deutlich im ersten Drittel geknickt. (s. S. 370)

Chorthippus dorsatus: Nymphenstadium 1

Chorthippus dorsatus: Nymphenstadium 2

Chorthippus dorsatus: Nymphenstadium 3, Weibchen

Chorthippus dorsatus: Nymphenstadium 4, Weibchen

Chorthippus albomarginatus

Grashüpfer

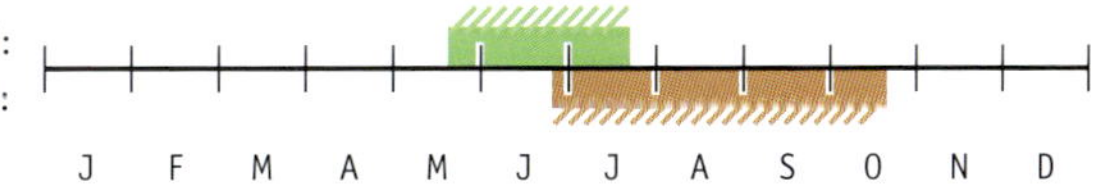

Weißrandiger Grashüpfer
Le Criquet marginé
Lesser Marsh Grasshopper

Anzahl Jugendstadien: 4 (Weibchen evtl. 5)

Lebensraum: Feuchte Wiesen, auch Fettwiesen und Grasstreifen
Verbreitung: Mittelland

Merkmale der Nymphen

Grundfärbung: Beige bis braun.
Kopf: Vom Auge bis zum Halsschild mit braunem Band, Wange z. T. leicht marmoriert.
Halsschild: *Weiße Seitenkiele breit, gerade* oder leicht nach innen gebogen, auf Unterseite dunkel gesäumt.
Hinterleib: Weiß-schwarzes Band auf Körperseite, *Hinterrand der Glieder v. a. auf der Körperseite mit schwarzen Punkten*, bei älteren Stadien stärker ausgeprägt.

Ähnliche Arten
Chorthippus dorsatus: Seitenkiele schmal, leicht geknickt. Wange marmoriert. Rücken grün. (s. S. 388)
Chrysochraon dispar: Ohne Scheitelgrübchen. Kopf spitzwinklig. (s. S. 325)

Chorthippus albomarginatus: Nymphenstadium 1

Chorthippus albomarginatus: Nymphenstadium 2/3

Chorthippus albomarginatus: zweitletztes Nymphenstadium

Chorthippus albomarginatus: Nymphenstadium 4, Männchen

Pseudochorthippus parallelus Grashüpfer

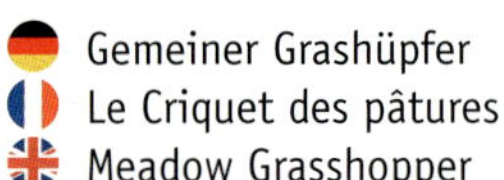

Gemeiner Grashüpfer
Le Criquet des pâtures
Meadow Grasshopper

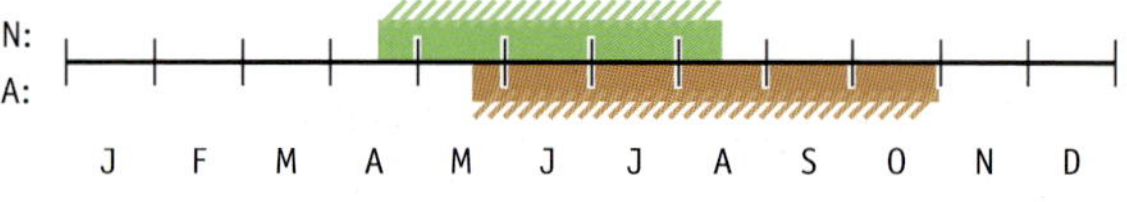

Anzahl Jugendstadien: 4

Lebensraum: Feuchte und trockene Wiesen
Verbreitung: Ganze Schweiz

Merkmale der Nymphen

Grundfärbung: Grün mit vielen Variationen, Körperseite oft dunkelbraun, Rücken mit unterschiedlichen Brauntönen, selten braune Grundfärbung.
Halsschild: Seitenkiele weiß, gelb oder grün, gerade oder leicht gebogen und etwas schwarz gesäumt.
Hinterschenkel: Mittelfeld braun oder grün.
Flügelanlagen: Bei WN4 Hinterflügelanlagen kürzer als Halsschild, bei MN4 gleich lang.
Legeröhre: Bei WN4 kurz, kaum sichtbar.

Ähnliche Arten
Chorthippus biguttulus: Grundfärbung braun oder seltener grün. Seitenkiele deutlich geknickt. (s. S. 370)
Pseudochorthippus montanus: Seitenkiele stärker gebogen, deutlich schwarz gesäumt. Ab WN3 mit sichtbaren Legeröhrenklappen. Flügelanlagen bei WN4 so lang wie Halsschild. (s. S. 397)
Stenobothrus lineatus: Kopf mit weißen Scheitelgrübchen, weißes Band vom Auge bis zum Halsschild. Weiße Seitenkiele ausgeprägt und leicht geknickt, mit schwarzem Saum. Helle Linie auf Hinterleibseite. (s. S. 340)

Pseudochorthippus parallelus: Nymphenstadium 1

Pseudochorthippus parallelus: Nymphenstadium 2

Pseudochorthippus parallelus: Nymphenstadium 3

Pseudochorthippus parallelus: Nymphenstadium 4, Männchen

Pseudochorthippus montanus Grashüpfer

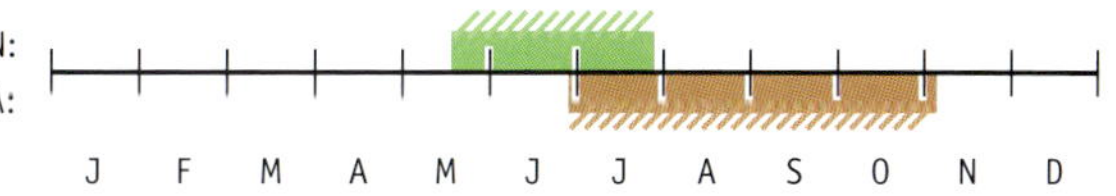

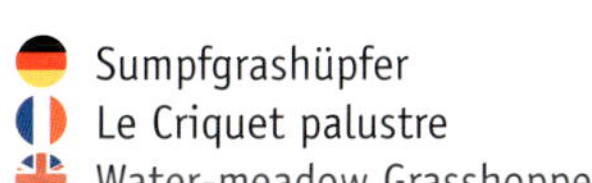

Sumpfgrashüpfer
Le Criquet palustre
Water-meadow Grasshopper

Anzahl Jugendstadien: 4

Lebensraum: Feuchte bis nasse Standorte mit mittelhoher Vegetation
Verbreitung: V. a. Nordalpen und Jura

Merkmale der Nymphen

Grundfärbung: Grün, Körperseite oft braun oder schwarz, ab und zu mit braunem Rücken.
Halsschild: Seitenkiele hell, *oft weiß oder gelb, leicht nach innen gebogen, meistens mit schwarzem Saum.*
Hinterschenkel: Im Mittelfeld braun, seltener schwarz.
Hinterleib: Oft mit weißer oder gelber Seitenlinie.
Flügelanlagen: Bei WN4 Hinterflügel so lang wie Halsschild, bei MN4 etwas länger.
Legeröhrenklappen: *Ab WN3 gut sichtbar.*

Ähnliche Art
Pseudochorthippus parallelus: Seitenkiele weitgehend gerade, weniger stark schwarz gesäumt. WN4 mit kurzen, kaum sichtbaren Legeröhrenklappen. Hinterflügelanlagen bei WN4 kürzer als Halsschild. (s. S. 394)

Pseudochorthippus montanus: Nymphenstadium 2

Pseudochorthippus montanus: Nymphenstadium 3, Weibchen

Pseudochorthippus montanus: Nymphenstadium 4, Weibchen

Pseudochorthippus montanus: Nymphenstadium 4, Männchen

Euchorthippus declivus Grashüpfer

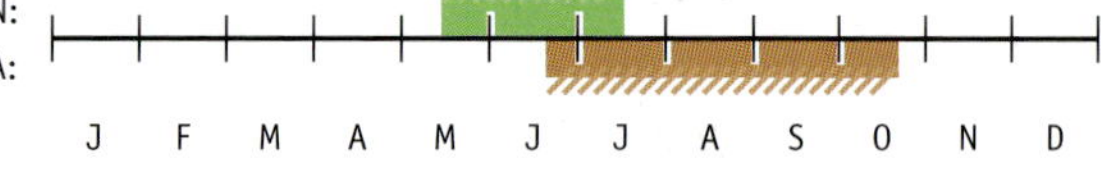

Anzahl Jugendstadien: 4

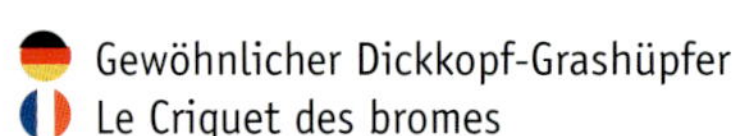

Gewöhnlicher Dickkopf-Grashüpfer
Le Criquet des bromes
Common Straw Grasshopper

Lebensraum: V. a. trockene Wiesen
Verbreitung: Südwestschweiz und Südtessin

Merkmale der Nymphen

Grundfärbung: Cremefarben, z. T. gelbbraun, Körperseite braun.
Kopf: *Relativ groß*, Fühlerglieder schwarz, die einzelnen Glieder in Richtung der Spitze mit weißem Saum.
Halsschild: Weiße Seitenkiele verlaufen parallel, v. a. am Seitenlappen-Hinterende mit langen, braunen Linien.
Hinterschenkel: *Oberer Teil des Mittelfeldes dunkelbraun, selten schwarz.*
Hinterleib: *MN4 mit kegelförmiger Subgenitalplatte.*
Körperseite: Weiß-braun-weißes, selten schwarzes Band vom Augenhinterende bis zum Hinterleibende, ab N3 v. a. am Hinterleib schwächer ausgebildet.

Euchorthippus declivus: Nymphenstadium 1

Euchorthippus declivus: Nymphenstadium 2

Euchorthippus declivus: Nymphenstadium 3

Euchorthippus declivus: Nymphenstadium 4, Männchen

Euchorthippus declivus: Nymphenstadium 4, Weibchen

Wer findet die elf Strauchschrecken *(Pholidoptera griseoaptera)*?

Glossar

Brust (Thorax): Mittelteil der Insekten, aus drei Gliedern mit je einem Beinpaar sowie im 2. und 3. Glied je einem Flügelpaar resp. der Anlagen der Flügelpaare

Cerci (Cercus): Längliche, paarige Hinterleibanhänge; dienen den Männchen der Langfühlerschrecken zum Festhalten der Weibchen während der Paarung und sind arttypisch gestaltet.

Halsschild (Pronotum): Sattelförmiger Rückenschild des 1. Brustgliedes, bei Dornschrecken namengebend, bis zum Hinterleibende verlängert

Halsschildseite (Paranotum): Seitenlappen des Halsschildes

Halsschild-Mittelkiel (Carina medialis): Hervorgehobener Längsgrat in der Mitte des Halsschildes

Halsschild-Seitenkiel (Carina lateralis): Hervorgehobener Grat am Übergang von der Halsschild-Oberseite zu den Seitenlappen; dieser ist oft charakteristisch geformt und wichtig für die Artbestimmung.

Hinterflügel (Alae): Flügel des 3. Brustgliedes; bei den beiden letzten Jugendstadien liegen sie über den vorderen Flügeln, oder sie umgeben die dazwischenliegenden Vorderflügelanlagen.

Hinterleib (Abdomen): 3. Körperteil; besteht aus 11 Gliedern.

Hinterkopf (Occiput): Oberseite des Kopfes vom Halsschild bis zum Scheitel

Hinterschenkel (Postfemur): Schenkel (3. Glied) des 3. Beinpaares; enthält die Muskulatur des Sprungbeines und ist entsprechend kräftig gebaut.

Hinterschiene (Posttibia): Schiene (4. Glied) des 3. Beinpaares

Imago (Plural: Imagines): Ausgewachsenes, geschlechtsreifes Insekt

Kopfgipfel (Fastigium): Spitzenteil des Scheitels vor den Augen; die Scheitelgrübchen sind Teil des Kopfgipfels.

Legeröhre (Ovipositor): Die auffallende Legeröhre der weiblichen Langfühlerschrecken dient der Eiablage und ist arttypisch gestaltet. Die vier äußeren Teile sind miteinander verbunden, verfalzt.

Legeröhrenklappen: Der eher unauffällige Legeapparat der Kurzfühlerschrecken besteht aus vier Teilen, die wie Greifer gespreizt werden können.

Mittelfeld: Zentraler Teil der Hinterschenkel, von zwei Kielen oben und unten begrenzt und im Inneren mit einem besonderen Muster.

Mundwerkzeug: Zur Nahrungsaufnahme auf der Unterseite des Kopfes, mit paarigen Oberkiefern und Unterkiefern sowie Oberlippe und Unterlippe. Unterkiefer und Unterlippe tragen gegliederte, paarige Taster.

Oedipoden-Stufe: Die Oberkante der Hinterschenkel weist hinter der Mitte eine markante Stufe auf, bei *Oedipoda caerulescens* ist diese sehr ausgeprägt.

Rückenplatte (Tergit): Bildet zusammen mit der Bauchplatte (Sternit) das Außenskelett in einem Körperglied (Segment). Gelenkhäute verbinden die beiden Platten miteinander.

Scheitel (Vertex): Oberseite der Kopfkapsel zwischen den Augen

Scheitelgrübchen (Foveola): Kleine Grübchen auf der Seite des Kopfgipfels bei Kurzfühlerschrecken, Teile des Scheitels

Schulterzone (Area scapularis): Tritt bei Dornschrecken auf und bezeichnet den Bereich der Halsschild-Seitenlappen unterhalb der unteren Seitenkiele. Bei Jugendstadien ist diese Zone viel breiter als bei ausgewachsenen Individuen und deshalb ein gutes Merkmal für Dornschreckennymphen.

Stirn (Frons): Vorderfläche der Kopfkapsel zwischen Scheitel, Augen und Kopfschild

Subgenitalplatte: Letzte Bauchplatte des Hinterleibes und arttypisch gestaltet. Bei einigen Kurzfühlerschreckenarten ist sie bei den Männchen zu einem länglichen Kegel verwachsen.

Vorderflügel (Elytron): Flügel des 2. Brustgliedes, bei den beiden letzten Jugendstadien werden sie von den Hinterflügelanlagen bedeckt oder liegen zwischen den beiden Hinterflügelanlagen.

Wange (Gena): Kopfseite unter dem Auge

Literaturverzeichnis

Baur, B., Baur, H., Roesti, Ch., Roesti, D. (2006): *Die Heuschrecken der Schweiz*. Haupt, Bern.

Bellmann, H., Rutschmann, F., Roesti, Ch., Hochkirch, A. (2019): *Der Kosmos Heuschreckenführer*. Franckh-Kosmos, Stuttgart.

Berner, D., Körner, Ch., Blanckenhorn, W. U. (2004): «Grasshopper populations across 2000 m of altitude: is there life history adaption?», in: *Ecography* 27, S. 733–740.

Berner, D. & Blanckenhorn, W. U. (2006): «Grasshopper ontogeny in relation to time constraints: adaptive divergence and stasis», in: *Journal of Animal Ecology* 75, S. 130–139.

Carchini, G., Rampini, M., Sbordoni, V. (1995): «Life cycle and population ecology of the cave cricket Dolichopoda geniculata (Costa) from Valmarino cave (Central Italy)», in: *International Journal of Speleology* 23 (3/4), S. 203–218.

Carron, G. (1996): «Do alpine Acridids have a shortened post-embryonic development?», in: *Articulata* 11 (1), S. 49–72.

Coray, A. & Thorens, Ph. (2001): *Heuschrecken der Schweiz: Bestimmungsschlüssel*. – Fauna Helvetica 5. Hrsg. Centre suisse de cartographie de la faune / Schweizerische Entomologische Gesellschaft, Neuchâtel.

Detzel, P. (1998): *Die Heuschrecken Baden-Württembergs*. Eugen Ulmer, Stuttgart.

Devriese, H. (1996): «Bijdrage tot de systematiek, morfologie en biologie van de West-Palearktische Tetrigidae», in: *Nieuwsbrief Saltabel* 15, S. 2–38.

Fischer, J., Steinlechner, D., Zehm, A., Poniatowski, D., Fartmann, T., Beckmann, A., Stettmer, C. (2016): *Die Heuschrecken Deutschlands und Nordtirols*. Quelle & Meyer, Wiebelsheim.

Harz, K. (1969): *Die Orthopteren Europas/The Orthoptera of Europe*. Vol. I (Ensifera). Series Entomologica 5. Dr. W. Junk N.V., The Hague.

Harz, K. (1975): *Die Orthopteren Europas/The Orthoptera of Europe*- Vol. II (Caelifera). Series Entomologica 11. Dr. W. Junk B.V., The Hague.

Ingrisch, S. (1977): «Beitrag zur Kenntnis der Larvenstadien mitteleuropäischer Laubheuschrecken (Orthoptera: Tettigoniidae)», in: *Zeitschrift für angewandte Zoologie* 64, S. 459–501.

Ingrisch, S. (1995): «Phänologie und Abundanz der Heuschrecken in der alpinen Stufe am Muottas Muragl, Engadin (Orthoptera: Acrididae)», in: *Mitteilungen der Schweiz. Entomologischen Gesellschaft* 68, S. 7–22.

Ingrisch, S. (1996): «Fekundität und Entwicklung alpiner Feldheuschrecken (Orthoptera: Acrididae)», in: *Mitteilungen der Schweiz. Entomologischen Gesellschaft* 69, S. 441–455.

Ingrisch, S. & Köhler, G. (1998): *Die Heuschrecken Mitteleuropas*. Die Neue Brehm-Bücherei Bd. 629. Westarp Wissenschaften, Magdeburg.

Oschmann, M. (1969): «Bestimmungstabelle für die Larven mitteldeutscher Orthopteren», in: *Deutsche Entomologische Zeitschrift*, N.F. 16 (I–III), S. 277–291.

Pichler, F. (1956): «Zur postembryonalen Entwicklung der Feldheuschrecken», in: *Österreichische Zoologische Zeitschrift* 6, S. 513–531.

Poniatowski, D. & Fartmann, Th. (2008): «Phänologie und Populationsdynamik der Kurzflügeligen Beissschrecke (Metrioptera brachyptera) entlang eines Höhen- und Expositionsgradienten», in: *Articulata* 23 (1), S. 31–41.

Sardet, E., Roesti, Ch., Braud, Y. (2015): *Cahier d'identification des Orthoptères de France, Belgique, Luxembourg et Suisse*. Biotope Editions, Mèze.

Schirmel, J. (2008): «Hinweise zur Unterscheidung der Larven von *Tettigonia cantans, T. caudata* und *T. viridissima* im Freiland», in: *Articulata* 23 (2), S. 69–72.

Schulte, A. M. (2003): «Taxonomie, Verbreitung und Ökologie von Tetrix bipunctata (Linnaeus 1758) und Tetrix tenuicornis (Sahlberg 1893) (Saltatoria: Tetrigidae)», in: *Articulata*, Beiheft 10, S. 1–226.

Tiefenbrunner, W. (1986): «Untersuchungen zur Larvalentwicklung von *Gryllotalpa gryllotalpa* (L.) 1758», in: *Verhandlungen der Zoologisch-Botanischen Gesellschaft in Österreich* 124, S. 151–168.

Zuna-Kratky, Th., Landmann, A., Illich, I., Zechner, L., Essl, F., Lechner, K., Ortner, A., Weißmair, W., Wöss, G. (2017): *Die Heuschrecken Österreichs*. Denisia 39. Biologiezentrum, Linz.

www.othoptera.ch

Bildnachweis

Umschlag vorne: *Leptophyes punctatissima*, Nymphenstadium 1
Umschlag Rücken: *Phaneroptera falcata*, Nymphenstadium 3
Umschlag hinten: *Euthystira brachyptera*, Nymphenstadium 1–4 und Adulttier
Seite 2: *Calliptamus italicus*, Nymphenstadium 1
Seite 406: *Platycleis albopunctata*, Nymphenstadium 3
Seite 409: *Antaxius pedestris*, Nymphenstadium 1
Seite 410: *Anonconotus alpinus*, Nymphenstadium 6, Männchen

Wissenschaftliche Zeichnungen: **Armin Coray**

Alle Fotos stammen – soweit unten nicht anders vermerkt – von **Dieter Thommen**.

Armin Coray: S. 9 *(Tetrix ceperoi)*

François Dunant: S. 161 unten *(Rhacocleis annulata)*

Laurent Juillerat: S. 185 *(Ephippiger diurnus)*

Stefan Kohl: S. 182 *(Ephippiger diurnus)*

Stefan Plüss: S. 188 oben *(Saga pedo)*

Lucie Rathgeb: S. 227 unten *(Gryllotalpa gryllotalpa)*

Christian Roesti: S. 80 *(Conocephalus dorsalis)*, S. 187 unten *(Saga pedo)*, S. 189 *(Troglophilus cavicola)*, S. 192 unten *(Troglophilus neglectus)*, S. 193 *(Dolichopoda geniculata)*, S. 195 oben *(Dolichopoda geniculata)*, S. 213 oben *(Oecanthus pellucens)*, S. 214 oben *(Oecanthus pellucens)*, S. 313 oben *(Locusta migratoria)*

Florin Rutschmann: S. 103 unten *(Decticus albifrons)*, S. 157 oben *(Yersinella raymondii)*, S. 175 oben *(Ephippiger persicarius)*, S. 183 oben *(Ephippiger diurnus)*, S. 188 unten *(Saga pedo)*, S. 194 oben *(Dolichopoda geniculata)*, S. 314 unten *(Locusta migratoria)*

Register

Fett gesetzte Seitenzahlen verweisen auf das Artporträt, *kursiv* gesetzte Seitenzahlen auf Abbildungen.